天津社会科学院学术著作出版补贴项目

2012 年度天津市哲学社会科学规划
一般项目（TJLJ12-026）："城市生态基础设建设研究——以天津为例"

天津社会科学院学者文库

城市生态基础设施建设研究

——以天津为例

Research on Urban Ecological Infrastructure Construction: an Example of Tianjin

屠凤娜 著

社会科学文献出版社
SOCIAL SCIENCES ACADEMIC PRESS (CHINA)

摘　要

　　随着城市化进程的加快，"大发展"成为城市时代发展的特征与模式，同时，"大发展"也带来了"大破坏"导致大地自然景观系统遭到摧残，城市生态系统受到严重威胁与破坏。传统土地利用模式也引发了一系列生态环境问题，比如，湿地大片消失，自然森林面积缩小，生物多样性下降等，这些问题使得生态孤岛逐渐形成，自然的生态过程受到阻碍，人居环境不断恶化。传统基础设施建设往往只为满足工程需求，建设标准低，用地粗放，人为干扰生态系统，使其中的要素或系统整体发生量变或质变，结构和功能遭到破坏，生态系统逐步退化。基础设施建设与生态环境保护之间矛盾日益凸显，"生态基础设施"概念就是在这种背景下产生的。本书研究的城市生态基础设施具有基础性服务功能，注重维护生态过程的连续性和生态系统完整性，为生物和人类城市栖息地系统提供可持续性支持，是城市的自然生命支持系统。因此，有必要将城市生态基础设施提升至与城市传统基础设施相提并论的地位，以保障为城市及居民提供持续的生态服务。

　　本书从城市生态基础设施建设的基本理论、基本内容和基本实践三个层面进行研究和论述。一是从理论角度论述当前城市化快速发展带来的一系列问题以及在生态文明背景下建设城市生态基础设施的战略意义，在界定城市生态基础设施及相关的概念的基础上，剖析了城市生态基础设施的构成和基本特征、各构成要素间的内在联系以及构建原则；二是从内容角度论述城市生态基础设施内容，其中着重论述了城市水环境生态基础设施、城市绿地生态基础设施、城市湿地生态基础设施和城市生态交通基础设施的内涵、生态功能以及天津在水环境、绿地、湿地和生态交通等方面的建设状况。构建了城市生态基础设施建设的评价体系，分析天津生态基础设施建设的合理性。探讨城市生态基础设施建设规划的必要性、发展转向以及规划的原则和步骤，并结合中新生态城生态基础设施规划进行分析。论述政府、公众及社会组织等在城市生态基础设施建设与管理中的地位和作用以及城市生态基础设施管理的方法、流程及实施驱动。三是从实践角度针对国内外城市生态基础设施建设的成功案例或典型实践进行归纳和总结，在此基础上，分析天津市生态基础设施建设状况，并从管理机构、生态意识、建设规划、管理和维护、法律法规、公众参与等方面，探讨了完善天津市生态基础设施建设的对策建议。

本书希望通过对城市生态基础设施建设的研究，进一步拓展城市生态基础设施内涵，努力构建城市生态基础设施建设体系，保证城市生态系统服务的完整性和连续性，为城市及其居民持续地提供相应的基础性生态服务，为实现生态城市的可持续发展提供理论基础支持。

目　录

第一章 绪论

党的十八届五中全会强调，坚定走生产发展、生活富裕、生态良好的文明发展道路，构建科学合理的城市化格局，筑牢生态安全屏障，实施山水林田湖生态保护和修复工程，开展大规模国土绿化行动，完善天然林保护制度等。城市生态基础设施是面向城市绿色发展、低碳发展、循环发展的设施，在城市基础设施布局、规划与建设中更加强调城市经济环境与自然区域的生态关联性和内部连接性，形成具有自然生态体系功能和价值的开放空间网络，为人类和野生动物提供自然场所，形成保证环境、社会与经济可持续发展的生态框架。城市生态基础设施建设形成和构建了具有生态平衡关系的城市绿色空间网络，高层建筑中具有更加开放的自然绿色空间，包括各种绿色建筑、绿道、空中花园、城市园林、景观、绿色植被等，有效促进了城市经济与自然的和谐发展。城市生态基础设施建设，既是生态文明建设的重要组成部分，也是促进生态文明和生态城市建设的关键要素。

一 研究背景

城市化、城镇化、工业化进程对城市经济和基础设施建设起到巨大的推动作用，但同时也引发了一系列生态环境问题，比如湿地大片消失、自然森林缩小、生态环境遭到破坏、物种数量锐减、生物多样性下降等，以及城市的扩张、人类聚居区的蔓延，使得自然生态系统降低了应对短期灾害天气的能力，生态孤岛或绿色斑块状态逐渐形成，自然的生态过程受到阻碍，人居环境不断恶化，对城市生态基础设施提出了重大挑战。以前的基础设施建设往往只为满足工程需求，建设标准低，用地粗放，人为干扰生态系统，使其中的要素或整体系统发生量变或质变，结构和功能遭到破坏，生态系统不断退化。基础设施建设与生态环境保护之间的矛盾也日益成为制约城市可持续发展的关键因素。"生态基础设施"的概念就是在这种背景下产生的。城市生态基础设施强调具有基础性服务功能，城市生态基础设施体系将破碎的生态环境恢复为连续的整体，注重维护生态过程的连续性和生态系统的完整性，为生物栖息地系统和人类城市栖息地系统提供可持续性支持，是城市的自然生命支持系统。

（一）快速城市化导致城市生态服务功能退化

改革开放 30 年中，中国城市化率以年均 1% 的速度增长。未来十多年时间内，中国的城市化水平将从 2010 年的 47.5% 达到 2025 年的 67%[①]，这就意味着与城市建设有关的土地扩张将呈燎原之势，包括原有城市建成区的扩大，新的城市地域产生、新的城市景观涌现，以及新的城市基础设施的建设。这种无序的扩张和蔓延将直接导致城市生态系统的重构，迫使整个城市大地景观发生根本性的变化。比如不合理的土地利用和工程建设使大地肌体的结构和功能受到严重摧残；人口密度增大，导致人类生态足迹赤字变大；人类生产生活活动的增加，使得城市车辆增加、CO_2 排放量增加、废弃物总量增加，水资源更加紧缺。尤其是城市密集区的一系列人类对自然的重大开发活动，例如，近两年提出的城际"一小时交通圈"，其正效应是加快当地物流、信息流、人口流，刺激城市经济发展；但从其负效应来看，它破坏了处于生态平衡中的原有生态格局，使"生态斑块"趋于破碎化[②]。再比如，高速公路和高压走廊所形成的廊道本身就可能是一种危险的"景观结构"，它也可以将网络状的生态基础设施分割成数个孤立的、小块的斑块。

---

① 俞孔坚、李迪华等：《论大运河区域生态基础设施战略和实施途径》，《地理科学进展》2004 年第 1 期。
② 曹伟：《城市生态安全导论》，中国建筑工业出版社，2004。

1. 城市生态破碎化

城市生态破碎化是指将网络的、连通的、联系的、整体的生态系统分割成数个小块的、孤立的斑块。生态破碎化不仅影响了城市景观，导致环境退化以及资源利用、栖息地数量减少，以及降低休闲和审美质量，还影响了公众的休闲和娱乐空间。目前，在城市基础设施建设过程中，大多采用传统的城市规划模式，首先，根据城市人口规模预测城市近期、中期和远期发展目标，然后根据国家人均用地指标确定用地规模，再依此编制土地利用规划和不同功能区的空间布局。这种方法存在的严重弊端就是从根本上忽视了自然景观也是一个有机的系统，缺乏区域、城市及单元地块之间应有的连通性、连续性和整体性。这种无序蔓延缺乏环境考虑的高速公路网、各种方式的土地开发和建设项目、水利工程等传统基础设施规划均使原来连续的、完整的大地自然景观基质日趋破碎化，自然过程的连通性、连续性和完整性受到严重破坏。

2. 城市水生态系统功能丧失

城市水生态系统主要包括河流、湖泊、滩涂、湿地等城市水系。城市化进程加快导致城市河流湖泊的生态功能日益萎缩，城市的水环境不断恶化，水生态系统也日益退化，这些问题不仅影响了城市社会经济的可持续发展，还会对城市居民的生活和身心健康带来潜在的危害。就目前看，城市化对水生态系统的影响主要包括三个方面：一是人为影响，主要表现为人为造成河流形态直线化、河道断面规则化、河床材料硬质化。二是工业污染影响，主要表现为传统工业产生的废气、废水、废渣对城市水环境的污染，主要包括有机物污染、重金属污染、酸碱污染和病毒污染等。三是生态污染，主要表现为重建设、轻保护，即为了城市经济建设，将周边的自然河流水系进行填埋、断流和渠化，以及对湿地系统的破坏，引发水生态系统的退化，城市河流自净能力降低，甚至丧失。此外，城市河流非连续化也会对水体污染产生负面影响。

3. 城市生物栖息地减少

城市生物栖息地指生物生存和繁衍的地方。当前，由于城市化的迅速发展、森林被过度采伐，植被和水环境被摧残，这些生态环境破坏和污染对城市的整体生态系统和各个物种及其遗传资源造成了严重威胁。比如，自然地消失、河流廊道植被带被工程化的护堤和"美化"种植所代替；农田防护林和乡间道路林带由于道路拓宽而被砍伐；池塘、坟地、宅旁林地、"风水林"等乡土栖息地及乡土文化景观大量消失①。

城市开发和建设是必需的，但是，无序蔓延的快速城市化导致对城市整个生态系统的破坏和威胁是不容忽视的。城市生态基础设施建设是人类社会对日益加剧的人口、经济、资源、环境等矛盾进行深刻反思后做出的理性反应和抉择。比如，城市空间中的河流水系、绿地走廊、林地、湿地所构成的生态基础设施是城市可持续发展所必需的要素。因此，要提升城市生态基础设施的战略地位，协调城市与自然系统的关系，重新建构一种新型的人与自然的共生共荣、和谐发展的关系。转变传统观念，把自然界当成人类生存和发展的前提和基础，改变城市发展的空间格局和质的问题。城市中现有的或潜在的某些关键性局部、位置和空间联系等共同构成城市生态基础设施②。这里的城市生态基础设施强调，首先规划和完善非建设用地，设计具有基础性服务功能的城市生态基础设施，通过各构成要素的内在联系将破碎的生态环境恢复为连续的网络整体，维护生态过程的连续性和完整性，实现对自然资源的管理和维护，并引导城市空间结构的良性发展，为人类居住环境提供可持续性的支持，成为解决经济发展与生态环境矛盾的有效途径。

（二）传统土地利用模式造成的资源环境压力与日俱增

土地作为一种资源，其数量的有限性、经济供给的稀缺性与土地资源的社会需求增长性之间呈失衡发展的态势，人口、资源、环境和发展在土地利用中的矛盾日益突出，尤其高强度的人类活动和不适当的土地利用方式，使脆弱的城市生态环境承受巨大压力。20世纪80～90年代以来，随着人口压力的增大和城市的无序扩张，土地利用方式不断变化，发挥生态服务功能的自然资源迅速被取代，导致城市生态服务功能总量迅速变化。城市周围的水体、森林、湿地等也会在城市化过程中，由于土地使用性

①　俞孔坚、李迪华：《城市景观之路——与市长们交流》，中国建筑工业出版社，2003。
②　俞孔坚、李迪华、潮洛濛：《城市生态基础设施建设的十大景观战略》，《规划师》2001年第6期。

质、土地覆盖变化等人为干扰出现生态功能退化，小区域生态系统会出现紊乱的现象。湿地和岸区由于开发，其蓄洪、储集沉积物、过滤毒素和过剩养料及维系动植物物种的能力下降，大自然对变化的自适应能力降低。同时，大规模开发会降低大自然适应气候变化的能力和野生动物种群的生存能力。由此可见，人们对土地的不合理利用，造成土地资源的浪费和土地生态环境的破坏，具体表现为，自然生态系统的严重破坏、大地景观破碎化、生物栖息地和迁徙廊道的缩小与丧失等。因此，要把社会、经济、生态环境作为一个整体来考虑，从编制科学合理的土地利用规划的角度研究和探索维持土地协调发展的规律。

土地利用规划是对土地资源的优化配置，而优化配置不仅取决于土地资源自然条件，还与生态环境条件、社会经济条件、传统和文化等相关①。其核心内容是土地利用结构调整和土地利用布局的优化，以达到宏观调控和均衡各业用地的目的。2008 年 10 月，国务院印发的《全国土地利用总体规划纲要（2006～2020 年）》提出"严格保护基础性生态用地，构建生态良好的土地利用格局"。可见，土地利用总体规划尤其强调土地利用与土地生态环境的协调，编制存在从"重点保障经济发展用地需求"转到"强调土地生态用地"，从"结构导向"走向"空间导向"的趋势②。俞孔坚等提出的"反规划"概念③，指出"它是一种景观规划途径，本质上讲是一种强调通过优先进行不建设区域的控制，来进行城市空间规划的方法"。这种方法与新一轮土地利用总体规划强调的生态保护和建设用地空间管制本质是一样的，通过从空间宏观战略上协调土地利用的关系，解决社会发展、资源利用与生态保护之间的矛盾。

此外必须认识到，土地不仅仅是一种资源，更是一个统一的生命有机系统。因此，在利用土地的同时也应该关注土地本身的特性，根据其自身特性科学合理利用土地。就土地资源来说，它是有结构的，且不同的结构

---

① 蔡玉梅、董祚继、邓红蒂：《FAO 土地利用规划研究进展述评》，《地理科学进展》2005 年第 24 期。

② 蔡玉梅、张文新、赵言文：《中国土地利用规划进展述评》，《国土资源》2007 年第 5 期。

③ 俞孔坚、李迪华、刘海龙：《"反规划"途径》，中国建筑工业出版社，2005。

组成不同的空间布局，表现出不同的生态服务功能。因此，协调土地资源与自然系统的关系决不仅仅是土地的"量"的问题，还应注重土地的"质"和空间格局。由此可见，在一定区域有限的国土资源上建立一个具有空间战略意义的土地景观格局，既要满足城市扩张和经济发展对土地的需求，又要保证区域内城市生态基础设施建设的完整性和生态过程的连续性。

（三）城市可持续发展助推生态基础设施建设

城市人口的地域集结和城市经济的地域集聚，必然带来城市规模的地域扩展和城市景观的地域扩散，以及城市生态系统的地域平衡。长期以来，由于规划滞后、观念陈旧、盲目扩张，城市传统基础设施建设过分地消耗了自然资源，忽视了在自然环境中对原貌原地进行精心保护，使城市工业化景观不断地膨胀发展，而自然景观又不断被吞噬或破坏。更有甚者，为了所谓的"形象工程"、"政绩工程"抹杀了城市原有的生态功能，比如，为了建公路，在公路沿线到处开挖路堑、填筑路堤，原来的植被及绿化被清除殆尽，每建一条路都要在地球表面上犁下一条深深的疤痕，原有的自然空间消失了，原有的环境受到了严重破坏。城市是一个脆弱的人工生态系统，它在生态过程上是耗竭性的，管理体制上是链状而非循环式的。在城市化进程中，大量的市政工程随处可见，而目前的市政工程建设中部分缺少生态的意识，使得城市发展面临着巨大的困难和挑战。只有切实贯彻"市政工程生态化"的原则，积极建设绿色、生态基础设施，将两者紧密结合，才能在21世纪脚踏实地地实现城市可持续发展战略。因此，城市生态基础设施建设就是要把人们对物理空间的需求转变到人们提升美好生活质量的需求上，把对污染治理的需求转变到人的生理和心理健康需求上，把对城市绿化的需求转变到对生态服务功能的需求上，把面向形象的城市美化转变到面向过程的城市可持续性发展中来。

随着城市居住人口的急剧膨胀和污染的不断加剧，城市在快速发展的同时，周围人均环境质量也在逐渐下降。随着人们生活水平的提高，人们开始将需求的重点放在改善其工作和生活的条件上，注重保障自身的身体健康，希望城市变得更加美好、生活更幸福。然而在现实中，城市基础设施的建设注重满足市政工程的需要，忽视了人与自然和谐共存的原则。在这种急功近利的观念指导下，城市的建设项目不仅破坏了生态，还会导致城市环境的不断恶化，制约并影响着城市的可持续发展。比如，城市河道本身具有防御、运输、防洪、防火和清洁城市等功能，还是各种动植物的通道、媒体和栖息地。与此同时，城市水系还是城市景观美的灵魂和历史文化的载体，是城市文化的神韵和灵气所在。但是，在我们的城市基础设施建设中这些生态功能和文化底蕴并没有得到应有的关注、尊重和善待。随着城市陆路交通系统的快速发展，及自来水和城市消防设施的完善，城市水系原有的生态功能已大部分消失，随之而来的是，城市水系被当作排污通道、垃圾堆放地。这些不仅影响了城市的美观，阻碍"卫生城市"、"园林城市"和"旅游城市"等发展，还会危害公众的身体健康。因此，城市的发展和规划开始重视水系的"治理"和"美化"。比如西方国家正在掀起一个重新挖掘以往填去的水系、再塑城中自然景观的热潮，实现可持续的城市发展。

这里所研究的城市生态基础设施建设，注重在城市建设中对原有自然环境进行合理保护，坚持因地制宜的原则，尽量避免人为的大拆大建和大砍大造。现代化城市的基础设施建设实质上也是一个根据人的生理需求和自然生存规律对城市自然环境进行改造和再创造的过程，而所谓的人工环境应该首先顺应自然、符合生态规律，为我们的子孙后代的可持续发展奠定基础。从国外许多成功的例子可以看出，城市生态基础设施已成为建设未来生态城市的基础条件，超前统筹规划是当前城市发展与未来城市可持续发展的趋势。城市生态基础设施建设因其具有特殊性、敏感性、连续性、安全性等，有必要突破城市范畴，直至区域、腹地甚至流域范围（如水系，山体等）。

从提出"美丽中国"，到提倡"生态文明建设"，再到推广"海绵城市"，政府对生态思想大为支持，大规模的投资和推广为我国城市生态基础设施建设提供了广阔的规划前景和良好的发展契机。同时，随着城市自然环境的日趋恶化，人们保护自然、追求回归自然的愿望也就越来越强烈。在规模性地改造原有城市、建设新的城市的过程中，要最大限度地发挥城市生态基础设施在形成现代城市新景观和提高城市环境质量方面的重要作用，这已经越来越重要。可见，保护自然和改善生态环境，与城市经济社会发展是相辅相成的，协调发展是城市走可持续发展战略道路的基本条件。在城市建设过程中，无论是建筑物、市政工程、公共设施，还是园林、绿地、公园、景观，都是城市生态基础设施建设中的一部分，它们在人类社会发展中是必需的、缺一不可的。这里要强调的是人工基础设施建设，要源于自然、融于自然又胜于自然。总而言之，城市生态基础设施建设规划首先要考虑的是顺应自然环境，保护自然资源，维护自然过程。无论是在建筑工程还是在市政工程的设计上，都要优先考虑对自然环境的保护，尽量减少人工的痕迹，减少人为的对大自然的干预和破坏，"人定胜天"这种具有征服意识的观念和不顾环境承受能力的开发活动有一定的片面性。

二 城市生态基础设施研究综述

"生态基础设施"是近年来产生和发展的一个新概念，是在对城市问题探究和自然资源管理认识过程中逐步提出的，并得到越来越普遍的应用。随着城市化的推进，城市基础设施建设迅速增长，这虽然方便了人、财、物和信息的流动，但也给自然生态系统构建了一个不断增长的生态网络障碍。城市"灰色"基础设施的土地开发，使得自然生态系统的土地面积减少、破碎和退化，阻碍自然的过程，影响了动物的迁移、水的流动以及种子孢子在风中的传播。长期以来，这种影响不仅降低了自然应对短期灾害天气的能力，导致洪水和干旱的发生，也弱化了自然界自身的净化能力。由于土地利用的变化是逐渐发生的，支离破碎的自然生态系统也无法立即明显得到改善。更为严重的是，世界的气候也因此发生着变化，向不可遏制的全球变暖的方向加速前进。同时，城市"灰色"基础设施的发展也给城市带来一系列的问题，主要表现为空气污染、噪音污染、城市内部交通问题（特别是对步行者而言）、开敞空间的不足和低质，以及由此导致的市民社会责任感的缺乏和降低等。现代城市涉及的问题广泛而复杂，诸多问题交织在一起并相互作用，增加了解决问题的难度。

（一）国内外城市生态基础设施理论概况

1. 早期城市生态基础设施建设思想起源

早在 100 多年前（1879～1895 年），Olmsted 和 Eliot 就将公园、林荫道与查尔斯河谷以及沼泽、荒地联系起来，规划成为让美国引以为傲的"蓝宝石项链"，这项规划充分体现了早期生态理念在城市规划中的应用，这种做法不仅强调将开放的绿地和城市空间系统整合、连接成为一个完整区域系统，还强调对城市原地原貌的维护和保护。1883 年，景观设计师克里夫兰（Cleveland）为美国明尼苏达的明尼阿波利斯做规划也体现了城市生态思想，他建议，市长和决策者在城市郊区购买大面积土地，用以建立一个公园系统。100 多年过去了，城市快速发展，规模和面积也扩大了几倍，规划中建成的公园系统却成了城市中宝贵的绿地系统。同一时期，当堪萨斯（Kansas）和克里夫兰（Cleveland）还是小镇时，就用便宜地价在其郊外购置大量土地，结合城市区域河流水系规划，建设并一直保护了一个绿地系统，当时尚在郊区的绿地系统如今已成为现代城市的一个有机部分，成为城市居民愉悦身心的健康休憩场所。

2. 绿色通道、绿带和生态廊道与生态基础设施

1960 年，Lewis 所提出的"环境走廊"概念，对于生态思想的发展及其在城市规划中的体现和应用具有重要意义。他不仅认识到水系对生物等资源特殊的生态意义，还将水系作为城市和区域绿色通道规划和建设的基本框架。此后不久，Mc Harg 提出了"设计遵从自然"的生态规划思想，将城市区域规划建设和自然生态环境的关系推到了一个新的层次。

随着对大尺度城市景观的重视，绿道规划逐步成为城市开放空间规划的一个有效的、社会认可的方法。通过系统的有机网络性选择和连接，区域生物多样性保护地和生态廊道逐渐成为城市区域建设的综合性绿道骨架，在景观生态学等相关学科不断发展的情况下，人们也渐渐认识到绿道规划对于物种多样性的保护作用。许多环境科学家认为，生境的破碎化，是对生物多样性的最大威胁。岛屿生态学理论认为，加强生境岛屿之间的生物运动，可以降低由生境碎裂化带来的物种灭绝的可能性，因此生态廊道建设有利于连接各区域的生境岛屿，这对野生生物保护具有重要的作用。景观生态学家提出，建立景观廊道线状联系，可以将那些孤立的生境斑块连接起来，形成一种网络性或区域性的绿带或生态廊道，为物种、群落提供连续的生态服务。

1995 年，Bueno 等进行了南佛罗里达地区城市生态绿道研究，为不同区域的大尺度生态框架研究建立了联系。由于区域的自然景观已随农业和城市化扩张而日益破碎化，区域性绿道的提出是为了在破碎化的景观之间建立生态联系通道。区域生态廊道从自然和文化两方面联系原来破碎的景观，使之成为巨大的资源。原本为农业和城市发展而兴建的水利工程，如运河、排水沟、水库和防洪设施等，经过生态恢复和管理可以为区域生态网络提供生态服务，同时也可作为一种文化载体发挥其文化价值。还有包含独特文化资源的线形景观、遗产廊道等都是建立在遗产保护区域化和绿道概念基础上的，包括运河、铁路线等。遗产廊道的建立是包括遗产保护、休闲、教育、生态功能在内的多赢战略。在遗产廊道的绿地系统规划中应注重连续性、多样性和关键区等。经过长期发展，绿道由最初的单一目标（美化、休闲）规划发展成为包括栖息地的保护、历史文物的保护、教育、规范等在内的多目标规划。可见，绿道规划的核心思想与城市生态基础设施实际上已经极为类似。

3. 精明保护、精明增长、反规划与生态基础设施

精明保护强调城市生态保护重要性，并寻求识别具有显著生态功能的生态用地，予以永久保留。精明增长则强调把环境、社会、经济及其他因素一起纳入城市发展中综合考虑，并与灰色基础设施及社会基础设施相协调。反规划则是在中国快速城市化的背景下，针对城市无序扩张、土地资源浪费、土地生命系统遭到严重破坏等一系列问题而提出的一种新的规划思想，它强调城市规划应该首先规划非建设用地，强调生态基础设施在城市发展中的基础支撑作用。在此基础上，俞孔坚等提出了中国城市的生态基础设施建设的十大景观战略：维护和强化整体山水格局的连续性；保护和建立多样化的乡土生境系统；维护和恢复河道和海岸的自然形态；保护和恢复湿地系统；将城郊防护林体系与城市绿地系统相结合；建立非机动车绿色通道；建立绿色文化遗产廊道；开放专用绿地，完善城市绿地系统；使公园成为城市的绿色基质；保护和利用高产农田，使之作为城市的有机组成部分；建立乡土植物苗圃等①。

4. 生态足迹、生态服务和生态基础设施

生态足迹是 Mathis Wackernagel 和 William E. Rees 于 1996 年提出的一种从生态学角度衡量可持续发展程度的方法。生态足迹是无限期地用以维持一定人口和物质水平所需要的土地（水面）面积。在一定人口或经济条件下，生态足迹能够用有一定生产力的土地面积来评价资源消耗和废物降解的程度。它拓宽了人们对城市与区域关系的认识，指明城市必须依托于更大范围的区域而持续发展。

Dally 等学者 1997 年提出了生态系统服务的概念，指自然生态系统及其物种所提供的能够满足和维持人类生活需要的条件与效用。康斯坦查（Constanza，1995）等把这些服务归纳为 17 类，戴利（Daily，1997）将其归纳为 23 类。综合起来，主要包括生态系统的产品生产、生物多样性的产生和维持、气候气象的调和稳定、旱涝灾害的减缓、土壤的保持及其肥力的更新、空气和水的净化、废弃物的解毒与分解、物质循环的保持、农作物和自然植被的授粉及其种子的传播、病虫害爆发的控制、人类文化的发育与演化、人类感官心理和精神的稳定等方面。理论生物学家 L. V. 贝塔朗菲（L. Von. Bertalanffy）在《一般系统理论基础、发展和应用》一书中指出，系统论的出现使人类的思维方式开始发生深刻的变化。人们逐步认识到，单靠在工业化初期对城市内部采取的公园和开放空间建设、从城市外部的乡村地区进行自然资源的管理，无法解决现代城市的复杂问题。要系统解决城市结构和环境问题，必须依靠一个绿色的系统。

另外，源自 20 世纪 70 年代的 MAB 计划，国内外生态城市研究也对生态服务与生命支持系统进行了深入研究，指出了生物区、腹地与城市的关系（Richard，2002）；王如松（2000）认为城市生态系统的生存与发展取决于其生命支持系统的活力；生命支持系统生态学（1ife-support system ecology）也应运而生，其研究包括了城镇发展的区域生命支持系统的网络

---

① 俞孔坚、李迪华、潮洛濛：《城市生态基础设施建设的十大景观战略》，《规划师》2001年第 6 期。

关联、景观格局、风水过程、生态秩序、生态基础设施以及生态服务功能等（陈勇，1998）。

也有一些学者用"绿色基础设施"标示城市所依赖的生态基础、连续的绿色空间网络和生命支持系统。这与本书论述的生态基础设施是同一概念范畴，本书统一应用生态基础设施这一名称。

（二）国内外城市生态基础设施建设研究

1. 城市生态（绿色）基础设施的内涵研究

绿色基础设施的概念最早于1999年由美国保护基金会和农业部森林管理局组织的"GI工作组"（Green Infrastructure Work Group）提出，该小组将绿色基础设施定义为"自然生命支撑系统"（nation's natural life support system），即一个由水道、绿道、湿地、公园、森林、农场和其他保护区域等组成的维护生态环境与提高人民生活质量的相互连接的网络[1]。英国西北绿色基础设施组织（North West Green Infrastructure Unit）定义绿色基础设施是一个由自然环境因素和绿地组成的系统，有类型、功能性、周边环境、尺度与连通性五个属性[2]。

关于城市生态（绿色）基础设施体系与结构研究，张晋石认为绿色基础设施是一个框架系统，并从区域层面、地区层面、社区邻里层级三方面分析了绿色基础设施的作用[3]。应君、张青萍、王末顺与吴晓华在研究城市绿色基础设施体系构建时，认为绿色基础设施体系主要由网络中心、连接廊道与小型场地组成，绿色基础设施的构成内容并非单一的绿色空间，河流与雪山等自然环境同样有助于绿色基础设施体系的构建[4]。

关于绿色基础设施作用与功能研究，较多学者深刻认识到绿色基础设

---

① 裴丹：《绿色基础设施构建方法研究述评》，《城市规划》2012年第5期。
② 吴伟、付喜娥：《绿色基础设施概念及其研究进展综述》，《国际城市规划》2009年第5期。
③ 张晋石：《绿色基础设施——城市空间与环境问题的系统化解决途径》，《现代城市研究》2009年第11期。
④ 应君、张青萍、王末顺、吴晓华：《城市绿色基础设施及其体系构建》，《浙江农林大学学报》2011年第5期。

施建设对于推进生态文明建设、改善城市环境、净化城市自然空间的突出
作用。如杨静、潘国锋认为城市生态（绿色）基础设施为城市经济社会
可持续发展、指导城市科学建设、加强环境保护提供了有益的理论指导，
是构建更加生态宜居、低碳绿色城市和推进生态文明建设的重要保障①。
付彦荣（2012）分析绿色基础设施的功能，指出绿色基础设施可以保护
城市的绿地服务和维护生物多样性，还可以减少城市对灰色基础设施的需
求，节省国家公共资源投资。翟俊（2012）从统筹城市开发空间系统发
展的出发点，将市政的灰色基础设施、生态的绿色基础设施进行协同整
合，使其成为一体化的景观基础设施；并从综合协同、整体协同、战略协
同和共生共存四个方面，提出了建立前瞻性景观基础设施的新范式，促使
城市基础设施各要素形成功能最大化、效益最大化和成本最小化的整体。
于笑津、曹静（2013）在《绿色基础设施研究进展与规划过程应用》中
分析了城市绿色基础设施规划设计的原则与步骤，并阐述了识别绿色基础
设施用地的标准、方法。以上研究成果为城市生态基础设施建设研究提供
了必要的理论基础和价值分析。

2. 城市生态（绿色）基础设施建设面临的主要问题与原因

许多学者深入分析了城市生态基础设施建设面临的主要问题及其内在
原因。如贺炜与刘滨谊指出，我国城市绿地系统规划单一，由于城市生态
基础设施很难为开发商与政府带来短期、直接的经济利益，所以将生态理
念融入城市基础设施建设的吸引力不高。此外，区域间行政藩篱、城市权
利不平衡和地方保护主义等原因也造成我国绿色基础设施发展缓慢②。贾
泉研究我国北方城市绿色基础设施建设中面临的问题，指出北方城市为拓
宽道路而砍伐树木、商业开发侵占城市中心的公共绿地，从而导致城市热
岛效应加剧，城市规划者忽视对城市的立体绿化，引发城市环境污染不断
加剧③。刘滨谊、张德顺、刘晖与戴睿认为我国的城市绿色基础设施建
设和规划中缺少对中小尺度的生态廊道、绿带等的实践性研究成果；政

---

① 杨静、潘国锋：《建设城市绿色基础设施，打造"绿色宜居城市"》，《城市发展与规划
大会论文集（2011年）》，第296~298页。

② 贺炜、刘滨谊：《有关绿色基础设施几个问题的重思》，《中国园林》2011年第1期。

③ 贾泉：《有关北方城市绿化基础设施问题的重思》，《城市建设》2012年第10期。

府管理部门的参与度和认同度不高，缺少相关的鼓励政策；城市绿色基础设施从规划层面上来说功能较单一，缺乏公众参与①。徐本鑫基于绿色基础设施理论研究我国城市绿地系统规划制度，指出我国现有城市绿地系统规划制度存在的缺陷有：忽视对绿地功能与合理绿地结构的保障、缺乏多制度的衔接机制、公众参与机制不够完善②。朱金、蒋颖、王超（2013）指出目前我国绿色基础设施面临的一些问题，如我国一些绿地系统规划局限于城市建成区层面，未能体现城市、市郊、市域等多层面的绿地系统；在经济博弈上，绿地与其他发展用地相比处于不利地位；我国城乡规划编制先天不足，导致公众在城市绿色基础设施建设上的参与度不够。

基于以上学者的研究分析，城市生态（绿色）基础设施建设问题主要包括：一是政府规划不足、参与不够、缺乏有效的激励政策，没有建立完善的绿地系统；二是体制机制不够通畅，缺乏多方面的衔接机制，部门保护主义导致发展缓慢；三是社会力量没有得到很好整合，主要依靠政府投入，社会资本的投入不够，公民参与不足，导致城市绿色基础设施建设乏力，缺乏足够的社会基础。

3. 城市生态（绿色）基础设施建设的对策研究

付喜娥与吴伟在《绿色基础设施评价（GIA）方法介述》中指出，我国应该学习并理解 GIA 体系的建立方法，此方法对城市绿色基础设施建设研究及实践具有重要的借鉴意义。我国城市绿色基础设施建设需要政府主导，由生态学家、自然资源相关人员、规划设计者等各方参与，以政府公共投资渠道为主，结合其他经费来源投资建设③。李博（2009）认为我国在保护自然资源和引导城市合理生长方面应结合美国的绿色基础设施理论。周艳妮与尹海伟评述了国外绿色基础设施规划要点，其中指出绿色基础设施的规划应先于发展，避免使其处于被动地位。还应注

---

① 刘滨谊、张德顺、刘晖、戴睿：《城市绿色基础设施的研究与实践》，《中国园林》2013年第 3 期。

② 徐本鑫：《论我国城市绿地系统规划制度的完善——基于绿色基础设施理论的思考》，《北京交通大学学报》2013 年第 2 期。

③ 付喜娥、吴伟：《绿色基础设施评价（GIA）方法介述——美国马里兰州为例》，《中国园林》2009 年第 9 期。

重多重功能和效益的发挥以及注重尺度的分类和协调等①。仇保兴认为建设绿色基础设施时应考虑不同地区的地域特色，因地制宜，同时还应注意城乡绿色基础建设的区别化，满足不同居民的差异需求②。吴晓敏在《国外绿色基础设施理论及其应用案例》中指出，绿色基础设施应当被作为一个体系来保护和发展，在开发之前就应该对绿色基础设施进行规划和设计③。刘晓明、谢丽娟着重从政府政策引导、完善规划体系、可持续发展以及提高公众参与度等方面探究如何改善广东绿色基础设施建设④。杜鹃、张建林（2013）在探讨英格兰西北区域绿色基础设施实践时，提出了连通性策略与多功能性策略。马晓薇提出了绿色基础设施导向下的城市规划新策略，加强城市绿色基础设施建设，要确保绿色基础设施的整体性、综合性、战略性与专业性⑤。张媛、吴雪飞（2013）从绿色基础设施的前瞻性视角切入，通过对非建设用地规划与绿色基础设施的内容差异性与同质性比较分析，结合中国城市实际探索绿色基础设施视角下非建设用地规划程序与方法，认为要提升非建设用地规划的生态效益、完善非建设用地规划的格局构建、实现非建设用地的精明保护与协同合作、促进环境资源的优化配置。安超、沈清基（2013）在理解绿色基础设施、生态基础设施和生态网络概念的基础上，基于城乡空间利用生态绩效的内涵提出绿色基础设施网络构建理论，认为绿色基础设施网络需要体现自然生态与人文生态的结合，从生态环境敏感区评价、生态斑块评价与选择、生态廊道评价与选择、最小路径模拟、人文生态的空间分布等几方面构建城市生态基础设施网络。

① 周艳妮、尹海伟：《国外绿色基础设施规划的理论与实践》，《城市发展研究》2010 年第 8 期。

② 仇保兴：《建设绿色基础设施，迈向生态文明时代——走有中国特色的健康城镇化之路》，《中国园林》2010 年第 7 期。

③ 吴晓敏：《国外绿色基础设施理论及其应用案例》，《中国风景园林学会 2011 年会论文集》，2011，第 1034~1038 页。

④ 刘晓明、谢丽娟：《广东理想城市建设的策略——绿色基础设施的改善》，《风景园林》2011 年第 6 期。

⑤ 马晓薇：《"GI—绿色基础设施"导向下的城市规划新策略》，《山西建筑》2013 年第 12 期。

（三）对相关研究的简要评价

第一，城市生态基础设施建设的理论研究不够深入。与城市生态基础设施相关的理论包括城市生态学、城市景观学、生态伦理学、绿色经济理论、基础设施理论、公共服务理论、外部性理论、生态文明建设等理论，学者并没有对这些方面进行深入研究和系统梳理，城市生态基础设施建设的理论基础还不够深厚。

第二，城市生态基础设施建设的战略意义研究不够。城市生态基础设施对推进生态文明和生态城市建设、节能减排、改善城市环境、维护生物多样性等均有重要意义，学者没有对这些方向进行深度挖掘，没有深刻分析城市生态基础设施建设对改善城市环境、节能减排、生态文明建设的突出作用和战略意义。需要进一步探讨在应对城市温室效应、城市雾霾、城市环境恶化等现实问题中，城市生态基础设施是如何发挥作用的，作用有多大，以及如何实现这些作用与功能。

第三，城市生态基础设施建设存在的问题，以及问题背后的深层次原因没有得到很好的挖掘和实地调研。对生态基础设施存在的问题，学者的相关研究较少，而且缺乏深度。学者没有深刻分析政府对城市生态基础设施产生的作用与影响，没有探讨生态基础设施建设在融资上所面临的一些困难。政府在城市生态基础设施建设上起着至关重要的作用，这其中包括政策的制定与实施、资源投资、后期维护与保养等，在此方面，学术界只进行了一般性分析，对政府在城市生态基础设施建设作用方面的研究不够深刻。

第四，城市生态基础设施对策选择分析缺乏深度，在对策的落实上，学者并没有进行具体分析，没有具体指出政府单位、相关部门与社区等如何做出相应行动。在对策分析上，学者缺乏与客观实际的联系，也没有联系具体的问题与事项，没有考虑各个单位部门的工作困难，未指出如何去建设城市生态基础设施。

三 生态文明背景下建设城市生态基础设施的意义

党的十八大报告明确提出要大力推进生态文明建设，加强城市生态基础设施建设，突破传统生态保护的局限性，最终实现生态、社会、经济的协调和可持续发展。这不仅有利于实现城市的绿色发展、低碳发展和循环发展，也有利于推进城市的生态文明建设。可以说，建设城市生态基础设施是城市生态文明建设的重要组成部分，对生态文明建设具有良好的促进与推动作用，具体而言，在生态文明建设背景下，加快城市生态基础设施建设具有重要意义。

第一，构建城市生态化的人居环境，减少和治理城市污染，促进生态文明建设。党的十八大报告提出建设生态文明是关系人民福祉、关乎民族未来的长远大计。城市生态基础设施建设不仅可以缓解城市化造成的资源短缺与环境污染，还可以修复城市生态环境，为居民提供良好的生态服务系统。同时，城市生态基础设施为城市经济社会的可持续发展提供了有益的理论指导，为强化城市环境保护、指导城市科学建设和规划提供了保障支撑。城市生态基础设施作为生态文明建设的重要组成部分，对构建生态宜居、低碳、绿色、循环的生态城市和推进生态文明建设具有重要保障作用。

第二，优化城市空间，提升城市生态价值，促进城市的绿色、生态转型。城市生态基础设施建设是在保护自然环境的基础上，根据城市可承载人口的数量，合理规划和发展城市生态用地和建设用地，优化城市的空间结构，促进城市绿色转型与低碳发展，缓解城市的压力。可见，生态基础设施是城市经济社会发展中不可或缺的一种公共设施，其建设和规划不仅需要系统化、规模化和整体化的布局，还需要与城市的经济发展、交通规划、土地规划以及其他公共政策规划进行融合性的协调与发展，调整城市内外部的空间结构。城市生态基础设施不仅可以优化城市空间，还可以促进区域的经济发展，提升城市的总体形象，促进城市生态旅游业的发展。良好的城市生态基础设施，不仅会使城市居民身心愉悦，还会吸引外来投资，提高当地政府的税收，使政府有更多的资金再次对城市生态基础设施进行投资，从而形成良性循环，促进城市可持续发展。可见，城市生态基础设施建设能促进资源集约型、环境友好型绿色产业的发展，吸引国内外的绿色投资，同时为城市增加经济收入与就业机会，为城市的低碳发展、绿色发展、循环发展做出贡献。

第三，维护城市生物多样性，维持生态平衡，建设美丽城市空间。城市生态基础设施可以将若干个生态孤岛连接成生态网络，从而维护生态平衡与生物种群，促进城市生态化建设，维护自然生物多样性。通过保护生物多样性，不断改善生态环境和宜居空间，提高人民生活质量。同时，城市生态基础设施可以缓解工业废气、汽车尾气等有害气体对城市的污染，使城市环境得到改善，让更多的居民选择绿色出行，减少机动车的使用，减少城市雾霾天气，维持城市生态平衡，促进城市绿色低碳发展与生态文明建设，建立美丽宜居城市空间。

第四，有利于推进天津生态城市建设。近年来，随着天津市城市化步伐的加速，城市人口膨胀、能源危机、资源短缺、环境污染等生态环境问题日益突出，已经引起了人们的高度重视，这也对天津市生态基础设施建设提出了更高的要求。城市生态基础设施建设不仅涉及市内的绿地和公园，更要在城市中达到人与自然和谐共存，体现生态城市建设的根本目的。尽管在推进生态城市建设过程中，天津市生态基础设施建设在节能、节地、节材、节水等方面取得了一些成绩，但同时也存在一些问题，如缺乏环境考虑的高速公路网；自然地消失，河流廊道植被带被工程化的护堤和"美化"种植所代替；农田防护林和乡间道路林带由于道路拓宽而被砍伐；池塘、坟地、宅旁林地、"风水林"等乡土栖息地及乡土文化景观大量消失等等。因此，在生态城市建设中，应以人为本，追求社会活动与自然环境之间的完美和谐，既要考虑道路和建筑的合理布局，也要考虑营造良好的生态环境，注重生态化的基础设施建设。可见，完善天津市生态基础设施建设，对促进城市经济增长、维护生态平衡和提高城市竞争力、实现生态城市和宜居型城市建设具有重要的推动作用。

第二章　城市生态基础设施相关概念

　　20 世纪 50 年代以来，不断爆发的环境危机，向人类敲响了警钟。人们开始重新审视自身与自然的关系，城市基础设施建设开始抛弃反自然、反生态的发展模式。人们对城市生态问题的研究从把生态系统简单地看作服务于城市发展的外在因素，逐步转变为将自然生态系统作为城市复合生态系统的一部分，从而提出了"城市生态基础设施"这一概念。城市生态基础设施不仅是城市休闲生活的重要资源，更是城市公共服务设施或功能调配的储备资源、城市公共安全防护和紧急避难的战略资源。其功能和效益主要体现在四个方面：维护生态系统服务、维护完整的生态网络、恢复自然生态过程与功能和调节人居环境质量。因此，要了解城市生态基础设施建设的理论基础，理解和把握城市生态基础设施及相关概念的内涵、特征及其构成要素，提升城市生态基础设施的战略地位。

一　城市生态基础设施理论基础

　　城市生态基础设施研究关注不同尺度的生态问题、干扰的影响、生物多样性保护、生态系统恢复以及城市社会经济协调发展等，并强调这些方面的综合集成，因此，其理论基础涉及城市生态学和城市景观生态学、保护生物学和恢复生态学、生态经济学和生态伦理学、基础设施可持续发展和基础设施生态学等多个学科内容，这些学科领域的成果为我们的城市生态基础设施建设研究提供了理论支持。

（一）城市和景观生态学

生态学（Ecology）源于希腊文 Oikos，具有家庭和住所的含义，是研究生物与无机和有机环境之间相互关系的科学。城市生态学是以城市空间范围内生命系统和环境系统之间的联系为研究对象的学科。由于人是城市中生命成分的主体，因此，城市生态学也可以说是研究城市居民与城市环境之间相互关系的科学。城市生态学的研究内容主要包括城市居民变动及其空间分布特征，城市物质和能量代谢功能及其与城市环境质量之间的关系（城市物流、能流及经济特征），城市自然系统的变化对城市环境的影响，城市生态的管理方法和有关交通、供水、废物处理等，城市自然生态的指标及其合理容量等[①]。城市生态学的基本原理中生态位理论、多样性导致稳定性原理、食物链（网）原理、系统整体功能最优原理、环境承载力原理等是城市生态基础设施建设研究的核心基础理论。

城市景观生态学的产生和发展源于对城市大尺度生态环境问题的研究，主要研究城市景观的镶嵌格局与生态过程的相互作用，主要表现在对景观的结构、功能与变化的研究上。"斑块—廊道—基质"模式是城市景观生态学用来解释景观结构的基本模式，普遍适用于各类城市景观[②]。城市景观格局决定着资源和物理环境的分布形式和组合，与景观中的各种生态过程密切相关，对抗干扰能力、恢复能力、系统稳定性和生物多样性有着深刻的影响。其中，干扰分为自然干扰和人类干扰两种。自然干扰可以促进生态系统的演化更新，是生态系统演变过程中不可或缺的自然现象。但是，人类干扰或人类干扰诱发的自然灾害却成为区域生态环境恶化的主要原因。城市生态基础设施建设研究就是针对不同的干扰，排除与生态环境问题相应的人为干扰，并通过有利的人类干扰，恢复自然生态格局与过程。一般而言，格局决定过程，但反过来城市格局又被过程改变。比如"集中与分散相结合"、"必要

---

① 宋永昌、由文辉、王祥荣：《城市生态学》，华东师范大学出版社，2000。
② 俞孔坚、李迪华、潮洛濛：《城市生态基础设施建设的十大景观战略》，《规划师》2001年第6期。

格局"原则、"景观生态格局"以及节点网络和多用途系统单元的自然保护区设计方法等，在实践中得到了广泛应用和检验，不但是城市景观生态学的核心内容，也为城市生态基础设施建设研究奠定了重要的理论基础。

（二）保护生物和恢复生态学

保护生物就是研究保护物种及其生存环境的科学，通过评估人类对生物多样性的影响，提出防止物种灭绝的对策和保存物种进化潜力的具体措施。具体包括物种迁地保护及栖息地保护、群落保护、生态系统和城市景观保护、环境对生物多样性的影响以及多样性对生态环境保护的意义等各个方面。目前，比较活跃的研究领域主要是物种灭绝机制、生境破碎化的影响、种群生存力分析、自然保护区的建设、生物多样性热点地区的确定和保护以及公众教育与立法等。生物多样性保护是城市生态基础设施建设研究的重点。

按照国际恢复生态学会的解释，生态恢复是研究恢复和管理原生生态系统完整性的过程。这种生态整体性包括生物多样性的临界变化范围、生态系统结构和过程、区域和历史内容以及可持续的社会实践等。恢复生态学是研究不同方式的内外源干扰格局下，生态系统退化的原因、退化生态系统恢复与重建的技术和方法及其生态系统受损或退化机理。这些为探究城市生态基础设施建设中生态系统选择性恢复或重建提供了相应的技术和方法。

（三）生态经济和生态伦理学

生态经济学（Ecologies）产生于20世纪50年代，是由生态学和经济学相互交叉而形成的一门边缘学科，也是从经济学角度研究生态经济复合系统的结构、功能及其演变规律的一门学科，主要研究生态环境和土地利用的经济问题以及经济发展与环境保护之间的相互关系，探索合理调节经济再生产与自然再生产之间的物质交换，用较少的经济代价取得较大的社会效益、环境效益和经济效益。从某种意义上讲，生态经济学的研究对于城市生态学乃至人类的可持续发展观念都有着革命性的启示。因为这使人们能够开始从资本和价值的角度衡量自身生存环境的前景。城市生态基础设施的概念恰恰就在抽象的生态系统服务与城市景观要素之间建立起一座桥梁，人们可以通过规划途径来保障和维护对人类生存至关重要的城市生态系统及其服务。因而生态系统服务成为城市生态基础设施概念的核心功能（俞孔坚，李迪华，2002，2003）。因此，生态经济学能够为解决一系列经济无序发展造成的环境问题提供对策和方法。

生态伦理学主要研究人对待自然的态度问题，存在着人类中心主义和非人类中心主义（或称生态中心主义）两种价值观。尽管单独的理论都存在偏颇，但它们都为生物多样性保护、生态系统恢复和建立人与自然之间的和谐关系提供了独特的道德依据。特别是备受推崇的生态中心主义，承认自然生态环境具有内在价值，强调人与自然的平等，适应了可持续发展的伦理要求，为解决生态环境问题提供了道德规范和社会认同。生态伦理学还注重研究基于生态伦理的原则和规范，如自卫原则、对称原则、最小错误原则和补偿正义原则，为人们提供了环境意义上的行为道德准则，为生态环境保护做出了贡献，也为城市生态基础设施建设研究提供了道德和行为规范。

（四）城市基础设施可持续发展和基础设施生态学

城市基础设施可持续发展包括基础设施的技术更新、基础设施的经济评价、有关能源和资源利用的土地使用和交通政策的落实、防止环境恶化的基础设施的保护和建设、能源结构优化、再生资源和废弃物的利用、基于物质和能源流动的基础设施设计、土地和水资源保护等方面。城市基础设施可持续发展坚持减少对自然资源的利用，减少对环境的负面影响，保持生物多样性的原则。同时，还要坚持人的健康优先，基础设施外部效应内部化，3R 原则的落实，在实践中积累经验，用社会、经济、环境的尺度衡量生命循环，减轻对环境的干扰，实现动态平衡，监控潜在的危险等指导方针。比如，2004 年在西雅图召开的温哥华、波特兰、西雅图三市关于城市可持续基础设施会议上，确定了可持续基础设施（Sustainable Infrastructure）包括水利和电力的供给、道路、排水、照明、固体废弃物等的管理内容。并指出可持续基础设施的主题是：能源和水资源有效管理、物质资源和废弃物的管理、环境保护和恢复、自然生态系统的保护、物质循环的设计、人工设计与自然过程相结合。波特兰的基础设施可持续发展委员会还提出了基础设施管材、道路路面材质等的生态化处理方案。

基础设施生态学方面（Infrastructural Ecology），是将生态学原理与高速路、铁路、公路等传统基础设施建设相结合的发展新思路。城市基础设施生态化的发展原则，包括：采用清洁能源，生态系统的多样性，减少废弃物排放，物质循环利用，生态控制。由于传统的基础设施垂直分类法不能反映各个子系统之间的水平关系，每个部门的产品、服务应该按照产业生态学的方法进行重组和重新设计。城市基础设施可持续发展和基础设施生态学所提出的基础设施生态化的发展模式为城市生态基础设施建设研究奠定了理论基础。

二　城市生态基础设施内涵与特征

城市生态基础设施理论对生态文明和生态城市建设具有很大的推动作用，基于城市生态基础设施理论进行的城市生态规划也不断出现。但纵观这些研究，对城市生态基础设施的内涵界定、形成过程的探讨较少，或者侧重某一方面而不够全面；具体到目前城市生态基础设施构建的实践中，也存在着很多不足。因此，研究和探讨城市生态基础设施的含义和组成、特征与原理，对生态文明和生态城市建设具有支持和推动作用。

（一）城市生态基础设施的发展历程

20 世纪 50 年代以来，不断爆发的环境危机以及骇人听闻的"八大公害事件"，向人类敲响了警钟。人们开始重新审视自己与自然的关系，雷切尔·卡森（Rachel Carson，1962）的《寂静的春天》、罗马俱乐部（Meadows，1972）的《增长的极限》、美国的戈德史密斯（Goldsmith，1974）等人的《生命的蓝图》等系列著作，不断敲打人类的灵魂，唤醒人类的生态良知。这一时期的城市开始表现出反思化、多元化、生态化的特点，城市基础设施建设开始抛弃反自然、反生态的发展模式，城市先进的标准由"技术、工业和现代建筑"演变为"文化、绿野和低碳建筑"，提出"回到自然界"的口号。人们对城市生态问题的研究从把生态系统简单看作服务于城市发展的外在因素，逐步转变为将自然生态系统作为城市复合生态系统的一部分，从而提出了"城市生态基础设施"这一概念。

1. 城市生态基础设施概念的提出

严格意义上说，"城市生态基础设施"这一概念最早出现在1984年联合国教科文组织实施的"人与生物圈计划（MAB）"中，它提出了生态城市规划五项基本原则：生态保护策略、生态基础设施、居民的生活标准、文化历史的保护、自然融合城市。这里生态基础设施，主要是指自然景观和腹地对城市的持久支持能力。[①] 此后，西方学者将城市生态基础设施的内涵不断拓展，并逐步应用到资源环境、生物保护以及生态设施建设上。比如，以汽车的运输功能为主导的道路建设会导致景观破碎化、栖息地丧失，为了解决这一问题，人们开始采取生态化的设计和改造，来维护自然过程和促进生态功能的恢复，并将此类基础设施称为"生态化的基础设施"或者"绿色基础设施"。

在我国，城市生态基础设施是一个新概念，简单理解就是生态化的环境网络设施。最早提出这一概念并较具代表性的是俞孔坚教授等，他认为，生态基础设施是城市可持续发展所依赖的自然系统，是维护城市生态安全和健康的关键性空间格局，是城市和居民获得持续自然服务（生态服务）的基本保障，是城市扩张和土地开发利用不可触犯的刚性限制。它不但包括传统的城市生态用地系统，而且更广泛地包含一切能提供各种生态服务的空间，如大尺度地貌格局、自然保护区、林业及农业系统、地表水及地下水等[②]。在此基础上，俞教授以大运河

---

① 刘海龙、李迪华、韩西丽：《生态基础设施概念及其研究进展综述》，《城市规划》2005年第9期。

② 俞孔坚、李迪华、潮洛濛：《城市生态基础设施建设的十大景观战略》，《规划师》2001年第6期。

区域、浙江台州和山东东营等为例，对城市生态基础设施建设进行了应用性研究。

2. 城市生态基础设施的形成过程

从最初的欧洲的城市景观轴线、林荫大道，到早期欧洲的绿带、美国的公园路，到美国的绿道及绿道网络，再到城市绿地生态网络、绿色基础设施以及生态基础设施概念的明确提出，催生城市生态基础设施这一概念的思想大约经历了 2 个多世纪的漫长演变历程（如表 1 所示）。在此期间，世界各地的学者从各种不同角度进行了不懈的探索，提出过多种相关概念，主要有：①强调线性空间形态特征的，如环境廊道、遗产廊道、野生生物廊道、生物廊道、物种疏散廊道、生态廊道、游憩廊道、风景廊道、线性公园、公园连接道，等等；②强调其他空间形态特征的，如绿心、绿楔、绿锲、斑块等；③强调生态空间的基础骨架作用的，如绿色框架、自然骨架等；④从整体生态系统性出发的，如开放空间系统、绿地系统等；⑤强调空间网络化的，如栖地网络、绿道网络、绿带网络；⑥强调基础服务功能的，如绿色基础设施、生态基础设施。

以时间为轴线，对这些概念进行系统梳理，可以得知：①从形态结构的演变来看，总体表现出从明显的分散、割裂、关注单个元素走向整体融合、网络发展的趋势，同时，除去强调整体系统性和基础服务功能的概念，其余众多概念都具有非常明显的空间形态意象特征，因此，结构形态与功能作用的内在联系和关联机制的解读，仍是城市生态基础设施建设和规划的核心问题；②从功能特征的演变来看，这些概念从维护水文健康、保护环境资源，到保护生物栖息地、维护生物迁移，再到游憩休闲、遗产保护、城市景观、地区发展等，全面、综合、系统地涵盖了环境的、生态的、人文的、社会的各个方面因素，发展到城市生态基础设施多种承载功能作用最为复杂而综合的今天，集中体现出了对于土地利用方式的深刻解析与整体观照；③从空间尺度的演变来看，从萌芽期到现如今的情调"连接"期，城市生态基础设施覆盖网络的尺度和层次，呈现从微观的具体设计尺度到宏观的战略规划尺度，从地方、城市、区域到国家，甚至超越国土的尺度演变。

表 1 城市生态基础设施概念的发展历程

时代	里程碑	关键思想
萌芽期：1850～1900 年代	亨利戴维提出"保护未被损害的自然十分重要"。奥姆斯特德创造了具有连接功能的公园和公园通道系统 第一个城市开放空间网络——明尼阿利斯保罗圣大都市公园系统建立完成 绿带思想被介绍到英国"用于控制村镇的增长" 乔治·珀金斯·马什撰写的《人类和自然》	土地的本质特征应该指导其使用
探索革新期：1900～1920 年代	布朗克斯河公园道成为第一个为游憩机车通行而设计的公园大道 沃宁·曼宁利用图层叠加技术分析了一块场地的自然和文化信息 西奥多·罗斯福总统对户外空间无比的热爱是土地保护进程的前奏 黄石国家公园为国家公园系统的建立搭建了平台 绿带概念纳入 1920 年代新泽西州拉德本基本规划之中	大尺度规划方法的试验和探索 为后代保护自然地域
环境设计期：1930～1950 年代	生物/生态学家维克多·谢尔福德呼吁自然空间在内的城市设计 绿带设计强调包括绿色空间在内了区域域的保护及其缓冲区域的保护，并控制绿带附近的土地开发 本顿·马克依靠创造了区域规划的原则，并且促进了阿巴拉契亚山脉成为一个广泛的开放空间条带，该绿道成为西部免受开放影响的缓冲地带 奥尔多·利奥波德介绍了土地伦理的概念，强调生态学的基础性原则	生态结合设计 土地利用的伦理原则 保护自然的荒野状态

续表

时代	里程碑	关键思想
生态十年:1960年代	麦克哈格认为生态应该成为设计的基础 菲利普·刘易斯创造了一个景观分析的方法,关注环境廊道和诸如植被及景观等方面的特征 威廉·H·怀特提出"绿道"的概念 景观生态学与生物种群和物理环境的结合点相融合 岛屿生物地理学开拓了物种和景观之间的关系 议会通过了荒野地行动议程 雷切尔·卡森出版了《寂静的春天》一书,带来了人类对自然所施影响的关注	景观和可持续分析 科学、可定义的土地利用规划过程 保护荒野地的核心区域
关键理念提升期:1970~1980年代	人类和生物圈计划强调核心区域的保护需要缓冲地带的协助 保护生物学成为一门利用生态学原理维持生物多样性的学科 保护基金启动美国绿道项目,用于促进全美的绿道系统建设 查理德·T·T·福尔曼创建了景观生态学科 拉里·哈里斯和里德·诺斯提出了区域保护和保护方式的设计 GIS成为区域规划的工具 联合国环境与发展委员会认为,可持续发展要求人口规模和增长要与相应生产潜力的生态系统相协调	需要科学和过程去指导复杂的土地利用规划(考虑了生态特征的规划) 保护孤立的自然区域并未考虑了生态过程 保护生物多样性和生态过程 需要连接有自然区域的连接
强调"连接"期:1990年代至今	马里兰州和佛罗里达州积极致力于州域绿道和绿色空间系统的建设 荒野地工程启动,用于建立北美荒野地网络系统 可持续发展部长会议确定了绿色生态基础设施为5个社区可持续发展提供综合途径的战略之一 绿色基础设施的健康增长,是引导土地保护和开发的有效工具	关注景观规模 理解景观格局和过程 绿色基础设施规划要求确定并连接优先保护区域 分享接基于大众建议的决策

数据来源:黄丽玲、朱强等译《绿色基础设施——连接景观与社区》,中国建筑工业出版社,2010,第25页。

　　早在 150 多年前，受奥姆斯特德有关公园和其他开敞空间的连接以利于居民使用的思想的影响，以及生物学家有关建立生态保护与经营网络以减少生境破碎化的概念影响，当时的美国自然规划与保护运动中就已蕴含城市生态基础设施建设的思想。1984 年，联合国教科文组织在《人与生物圈》报告中首先提出了和绿色基础设施类似的生态基础设施①。1990 年以后，随着可持续性成为各国的发展目标，城市生态（绿色）基础设施建设和规划与设计成为关注焦点。此时盛行于许多保护组织的绿道运动开始受到当地政府有关部门的重视和关注。

　　城市生态（绿色）基础设施的建设大多始于美国的"绿脉"体系（如表 2 所示）。1990 年美国马里兰州的绿道运动和 1997 年的精明增长与邻里保护行动，作为一种国家的可持续发展的关键战略，在 1999 年 5 月获得美国可持续发展总统顾问委员会的官方认可，其报告《走向一个可持续的美国》中明确认为绿色（生态）基础设施是可持续性社区发展 5 种策略中的一种，并将其意义提升到了"国家的自然生命支持系统"的高度。

表 2　美国城市生态基础设施建设历程

时间	类型	保护途径	首要目标
1980 年之前	公园和游憩规划	土地取得:公园规划与管理	主动的休闲活动,风景宜人性
1980 年代	开放空间规划	土地取得、地役权:公园规划与管理	主动的休闲活动,风景宜人性,农田保护,城市森林
1990 年代	绿道开放空间规划	土地取得、地役权:洪泛平原区划、公园和绿色通道规划和管理	主动和被动的休闲活动,风景宜人性,农田保护,城市森林,城市生物保护
2000 年以后	绿色基础设施生态基础设施	土地取得、地役权:洪泛平原管理、精明增长管理途径、保护土地开发、土地所有者权利、土地基金	划分核心区域,建立连接,用于主动与被动的休闲活动,风景宜人性,农田保护,城市森林,城市生物,区域和州生态系统,保护及增长管理的整合

　　资料来源：Randolph, 2004。

---

① 刘海龙、李迪华、韩西丽:《生态基础设施概念及其研究进展综述》,《城市规划》2005 年第 9 期。

2001 年，马里兰州推行了绿图计划，通过绿道或绿带将全州（特定区域）内的绿植、公园、自然风景区等各个环节连接成一个完整的生态网络系统，以减少因发展带来的土地破碎化等负面影响。可以说，马里兰州建设了功能健全的庞大城市生态（绿色）基础设施系统，并形成了相应的评价体系。在此之后，城市生态（绿色）基础设施建设在美国、加拿大、英国等国家陆续广泛开展，各国政府也相继成立专门的委员会和工作组，开展了不同尺度的城市生态（绿色）基础设施规划[1]。同样，佛罗里达州的城市生态（绿色）生态基础设施系统的构建，也开始于绿道体系的规划，并在 1998 年出台了全州范围的生态网络规划与游憩和文化网络规划，"绿道＋文化"两者共同构成全州城市生态（绿色）基础设施网络。在此基础上，美国东南区域 8 个州通过佛罗里达大学地理规划中心在 2001 年完成了以地理信息系统（GIS）分析为基础的东南区生态框架规划。这些生态框架、绿道体系都可以统称为城市生态（绿色）基础设施。与此同时，城市生态（绿色）基础设施已成为各国规划设计界研究的热点之一。比如，2008 年美国景观设计师协会和 2009 年第 46 届国际景观设计师大会都以"城市生态（绿色）基础设施"作为研讨的主题。目前，中国在城市生态（绿色）基础设施方面的研究主要集中在自然文化遗产地的网络整合上[2]，全方位的研究和实践尚处在起步阶段。

（二）城市生态基础设施的内涵与构成要素

城市生态基础设施不仅是城市休闲生活的重要资源，更是城市公共服务设施或功能调配的储备资源，城市公共安全防护和紧急避难的战略资源。可以说，没有城市生态基础设施这个基本条件，也就没有城市的可持续发展。因此，要充分理解和把握城市生态基础设施这一概念的内涵及其构成要素，强化并提升城市生态基础设施的战略地位。

---

① 吴伟、付喜娥：《绿色基础设施概念及其研究进展综述》，《国际城市规划》2009 年第 5 期。

② 中国科学技术协会：《风景园林学科发展报告》，中国科学技术出版社，2010，第 59 页。

1. 城市生态基础设施的内涵

城市生态基础设施是指在一定空间范围内，在自然环境、人工环境与传统基础设施之间，通过能量流动和物质循环而相互作用的一个网络体系（如图 1 所示）。它为人类生产和生活提供生态服务，是保证自然和人文生态过程健康运行的公共服务系统。主要包括绿地系统、大气系统、水域系统、景观系统、湿地系统、森林和农田系统，以及生态化的人工基础设施系统等等。更确切地说，生态基础设施可分为两层含义：一是自然区域和其他开放空间相互连接的生态网络系统，二是生态化的人工基础设施。前者侧重于土地保护和自然资源保护，后者侧重于土地开发和人工基础设施的结合。前者多应用于国土和城市总体规划的层面，对生态环境的重要性进行识别和排序，最终寻求最优化的土地开发和保护计划；后者多应用于区域和局部设计的层面，对基础设施进行生态化，使其对环境的影响降到最低。

在实体层面，城市生态基础设施是一个相互联系的生态空间网络，由具有内部连接性的自然区域、人工环境和附带的工程设施组成，包括绿道、小型公园、湿地、花园、森林、植被等，这些要素组成一个相互联系、有机统一的网络系统。这一系统具有自然生态体系功能和价值，为人类和动物提供自然场所，如作为栖息地、净水源、迁徙通道等，总体构成了保证城市环境、社会与经济可持续发展的生态框架。

在具体层面，它可以指具体的相关工程设施或生态斑块、廊道，如洪泛控制体系、水资源净化设施，或者公园和保护地，农田、森林和大农场，甚至一片次生林、绿化屋顶，都可以被称为生态基础设施。它与传统概念的区别在于，它强调的是整体的连接性，也就是生态网络的相互连接。如果把一片绿地看作一个水箱，水箱、水管和用户只有在相互连通的基础上，才能建立自来水网络。没有相互连通的单个绿地只能算作生态基础设施的潜在"部分"，它的很多功能和价值无法充分发挥，只有完成一定规模内的自然区域间的互通，才能使生态基础设施的价值充分发挥。可见，城市生态基础设施强调连接性，包括系统内部的连接性和与外部体系的连通性。

在操作层面，城市生态基础设施就是通过构建相互连接的自然开放空

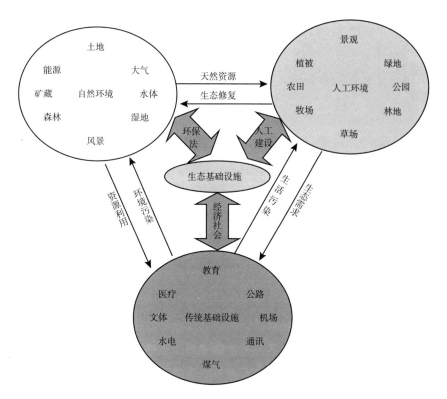

图 1　自然环境、人工环境与传统基础设施之间的能量流动和物质循环示意

间网络，减少自然消耗，为人类和其他生物带来多种社会福利。其中，自然开放空间可用保护中心的数量和面积、廊道的类型和宽度、斑块的密度和破碎指数等来衡量；自然消耗可以用生态足迹、能源消耗、二氧化碳排放等表示，而社会福利可以用客观指标如联合国的人类发展指数（由人均收入、人均预期寿命、人均教育水平等组成）、生物多样性指数，或者主观指标如世界幸福网络测定的各个国家的主观满意指数等表示。

2. 城市生态基础设施相关概念辨析

与城市生态基础设施相关的概念有很多（如表 3 所示），比如，精明保护、反规划、生态网络、绿色通道，以及城市公园、公园路、花园城市等，这些概念是在不同的时代背景和城市环境压力背景下提出的，因为不同城市发展所面临环境问题不同，加上城市工业化程度的差异，所以强调的功能、尺度和空间基础也不尽相同。在 19 世纪中后期，欧美发达国家的城市由"摊大饼"式的扩张造成的城市环境问题渐渐凸显，当时城市面临的主要问题是，过度拥挤的空间、生活与工作环境的亚健康化等。基于此，当时的城市景观建筑师提出了建设公园和林荫大道的建议。这种基于区域性尺度的强调文化和综合功能的林荫大道（公园路）的概念，随后也被应用在了纽约、波士顿、芝加哥、路易斯维尔等城市的建设和规划之中。

表 3　城市生态基础设施及其相关概念

概念	功能			尺度				空间基础			来源/实例
	生物	文化	综合	大洲	国家	区域	局地	自然	生物	文化	
生态基础设施	√	√	√	√	√	√	√	√	√		Lockhart, 2009
精明保护	√	√	√			√		√	√		Walmsley,2006
反规划	√	√	√			√		√	√		俞孔坚,2005
生态网络	√			√		√			√		Zhang & Wang,2006
生态廊道	√					√	√	√			Ahern,1995；Bryant,2006
城市公园		√	√					√	√	√	1992 年始建的深圳市莲花山公园
精明增长	√	√	√			√	√	√		√	20 世纪 70 年代美国科罗拉多州博尔德市城市规划
林荫大道（公园路）		√	√			√				√	1958 年法国巴黎修建的香榭丽舍大道
绿色通道	√	√	√			√	√			√	1950 年始建的加拿大多伦多大生物地理区绿色通道体系
花园城市		√	√			√	√	√		√	20 世纪初英国赫特福德郡的莱奇沃思花园城
绿带			√			√	√	√			19 世纪后期英国伦敦的绿带规划

资料来源：刘海龙、李迪华、韩西丽：《生态基础设施概念及其研究进展综述》，《城市规划》2005 年第 9 期。

到 19 世纪末，英国景观规划师 Ebenezer Howard 设想了一种新型城市，并称之为"花园城市"。这种新型城市强调以人的身体和心理健康为中心，让城市居民既可以享受城市发展带来的各种机遇，又能享受乡村的美丽风景和自然风光，但"二战"前后很多国际大都市将城市发展的重心转向恢复经济建设，导致出现了无序的、缺少必要生态保护规划的"爆炸性扩张"，也最终导致了"花园城市"这一美好设想的破灭（Walmsley，2006）。

之后，随着岛屿生物地理学、景观生态学、城市生态学等学科的大力发展和对城市生态问题的日益关注，出现了一大批相关概念（如表3所示），并且应用在城市生态保护和建设之中。其中，绿色通道、精明保护、精明增长、反规划同城市生态基础设施一起，取得了一定的发展。由于城市化对城市生态环境的影响，不仅仅是对生态用地面积的吞噬，更是造成了生态用地的破碎化，为应对这一重要的、更为本质的不利影响，提出绿色通道建设这一概念，它的功能体现在，既可以连接开阔区域作为动植物的迁移通道，保护自然资源和物种栖息地，又可以作为线性的娱乐空间，还可以为城市交通环境的改善以及科学研究提供平台（Bryant，2006；Yu et al.，2006）。"精明保护"的概念则强调生态保护的重要性，并寻求识别具有显著生态功能的生态用地，予以永久保留。"精明增长"则强调把环境、社会、经济及其他因素一起纳入城市发展中进行综合考虑，并与"灰色基础设施"及"社会基础设施"相协调（Walmsley，2006；张帆等，2007）。"反规划"是在中国快速城市化的背景下，针对城市无序扩张、土地资源浪费、土地生命系统遭到严重破坏等一系列问题而提出的一种新的规划思想，它强调城市规划应该首先从规划非建设用地入手，强调生态基础设施在城市发展中的基础支撑作用（俞孔坚，2005）。

总之，与城市生态基础设施相关的概念基本上都是用来形容绿地空间系统的形态，尽管是由不同的国家地区针对不同的问题提出，其面临的土地利用特点也有所不同，但这些概念都有着同样的本质，保护城市自然的生态价值和功能，为所有生物提供安全、健康的栖息环境。

3. 城市生态基础设施体系的构成要素

城市生态基础设施面向生态文明建设、促进城市人口资源与环境协调发展的战略要求，并非新的概念，而是基于城市更加生态绿色、环保低碳的战略要求，与城市绿地、绿化带、绿道、生态网络等概念相互关联、一脉相承的。城市生态基础设施体系是一个具有"连接环节"的网络系统（如图2所示），主要由生态保护中心、生态廊道和生态斑块三部分组成。

这个系统覆盖广泛，大到区域范围内的生态保护网络，小到街边的雨水花园，都可以成为体系的构成部分。

（1）生态保护中心。生态保护中心是指一定区域内大面积的生态用地，它是较少受外界干扰的自然生境，其形态和尺度也随着区域的层级不同有所变化。比如美国马里兰州制定的生态基础设施体系规定其各中心区面积不小于 100 公顷，而次一级的安阿让郡（Anne Arundel County）则将其中心区定位为不小于 20 公顷的开放绿地。

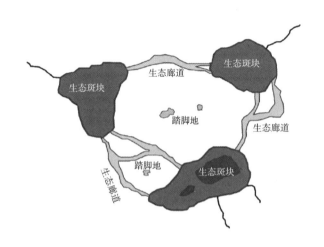

图 2　城市生态基础设施的构成示意

一般而言，城市生态保护中心要有足够大的面积，同时要有较高的生态价值，适合动植物的生存以及自然生态过程的保持，相当于景观生态学概念中的"生态斑块"。生态保护中心应该是一个完整的单元，有相对平滑的边界，若生态保护中心的边缘出现缺口区域，内部有不同属性的土地，则是恢复其生态过程的机会。生态保护中心主要包括：①大型的生态保护区域，如国家公园和野生动物栖息地、地方自然保护区；②大型公共土地，如国家森林、重要的河流走廊、重要的休闲路线、水库、水体和大型湿地；③具有生态基础设施潜力的农地，包括农场、林地、牧场等；④绿地开放空间，如公园、自然区域、运动场等；⑤循环土地，指公众或私人过度使用和损害的土地，可重新修复或开垦，例如矿地、垃圾填埋场等。

（2）生态廊道。孤立的生态保护中心的生态价值是有限的，因此需要通过合适的生态规划把生态保护中心连接成一体，形成一个完整的系统，从而达到最佳连通优化的目的。根据城市生态基础设施理论，生态廊道将生态保护中心和生态斑块连接起来形成完整的系统，对促进城市生态过程的流动，保障城市生态系统的健康和维持生物多样性起到关键的作用。它作为生态系统中传送物质、能量与信息的主要载体，主要包括：①景观连接廊道，指连接野生动植物保护区、公园、农地以及为当地的动植物提供成长和发展空间的开放空间。除此之外，它还包含文化内容，如历史资源、景观品质、社区生活品质等。②保护廊道，指为生物提供通道的线性廊道，如河流和河岸缓冲区、绿色街道、中转连接区、蓝道、绿道、步行道、自行车林荫道等。③绿带系统，如道路绿地和防护林、农田保护区以及人工恢复的绿篱等。

（3）生态斑块。生态斑块是指通过人为基础设施建设对生态保护中心和生态廊道进行补充和支持，并独立于大型自然区域的小生境和游憩场所。在进行城市生态基础设施规划的过程中，人类行为的影响是必须考虑的因素。在基于生态保护的生态基础设施规划中，公园、绿道、农业用地等人为基础设施可以在生态网络模型的基础上，被单独作为游憩或文化网络进行考虑；在基于城市生态基础设施规划的模型中，人为基础设施则是规划的基底，承担着大部分的作用。这种人为基础设施被称为生态斑块。比如，社区花园、街道景观、私家花园、小型水体和溪流、屋顶花园等。它不仅为野生生物提供栖息地和以自然为依托的休闲场地，还提升居民的生活品质、场所品质和环境品质，兼具生态和社会价值。

总之，保护自然系统和生物多样性是生态基础设施的重要目标。但除此之外，城市生态基础设施体系还包括广泛多样的元素。如为人类提供具有休闲健康价值的绿道和具有社区资源价值的历史、文化和农耕场地，为人类提供具有重要经济价值的农田、果园、大农场等。

（三）城市生态基础设施的特征与原理

城市生态基础设施也属于基础设施的范畴，也具备一般传统基础设施的特征，比如，保障城市可持续发展的多功能性，城市居民共享的公共性与同一性，建设和使用的超前性与长期性，服务的连续性和多层次、网络化系统性。这些基本特征也是城市生态基础设施建设的基本原理。

1. 城市生态基础设施的基础特征

从不同学科角度来讲，城市生态基础设施既是生物的自然栖息地系统，还是针对人类的城市栖息地系统，它强调关键性的生态格局及资源、产品、服务等对整体系统和系统栖居者的正常运行和持久生存的基础性支持作用。而从人类的可持续发展角度看，城市生态基础设施是一类为人类提供生态系统服务功能的基础设施，是维护生态安全和健康的自然结构和基础框架。城市生态基础设施建设的基础性特征，主要体现在以下四个方面。

（1）城市生态基础设施建设是在自然环境基础上的，但同时也包含人工环境、社会环境。在主客观多重因素的作用下，单纯的自然环境不能支撑并维持城市的可持续发展，需要人们在遵循自然规律、满足人类和社会发展需求的基础上，人为引入绿化植物（树、花、草、植被等）并进行加工改造后形成适于城市居民生存和发展的人工环境。同时，还需要不断增强居民的生态意识，树立生态消费观念，营造有利于城市生态基础设施建设的社会氛围。可见，城市生态基础设施既不单纯是自然环境，也不单纯是人工环境和社会环境；它的演化过程既要满足城市居民生存的生态需要，维持人类的生存和延续；又要发挥令人类生产、生活舒适，享受的社会功能，推动经济社会的循环发展。

（2）城市生态基础设施建设的人为性。人类既是城市生态基础设施的建设者，又是受益者，他们在一定程度上支配和控制着城市生态基础设施的发展方向和速度，对城市生态基础设施建设起到调节和控制作用。但人也是城市生态基础设施的破坏者，一方面由于缺乏环境保护的意识，过度消费资源环境，忽视自然环境的基础性作用，将自然界当作为人类无偿提供资源和服务的源泉；另一方面，城市人口的急剧增加，工业化的快速发展，会造成环境恶化、生活质量下降，影响城市可持续发展。因此，要树立正确的生态意识，合理控制城市人口，使之不超过城市生态环境的容量。

（3）城市生态基础设施的完整性。城市生态基础设施由大片的生态保护中心、小块的生态斑块和具有连接功能的生态廊道组成。以天津生态基础设施为例，它主要有市区园林绿地、公园、河道和近郊绿地、湿地、沿路的绿化带两大部分组成。市区园林绿地包括公共绿地、居住区绿地、单位附属绿地、交通绿地、卫生防护绿地、风景林绿地、生产绿地等，公园包括水上、长虹、翠屏等大型公园和社区小花园等，河道包括海河和人工河流等；近郊绿地包括城市自然保护区的特用林地、水土保持林地、护岸林地、水源涵养林地和防风固沙林地等防护林地，湿地包括侯台、七里海、大港贝壳堤等。它们交织而成，相互联系、相互制约，形成一个不可分割的有机整体，任何一个要素发生变化都会影响到整个系统的平衡，推动系统发生变化，进而达到新的平衡。

（4）城市生态基础设施是一个开放系统。城市生态基础设施系统的物质与能量需要与系统以外的环境进行广泛交换和流动，优胜劣汰、相互促进是物质能量交换的基本原则。城市生态基础设施建设规模的大小、辐射范围必须与对城市污染物的净化能力，对生产、生活及社会活动的承受能力相适应，这种规模导致环境形成的自净能力越大，说明这个城市的生态环境越好，城市生态基础设施的配套越完备。

2. 城市生态基础设施的基本原理

城市生态基础设施是一项长期的事业，是一种需要优先投资的重要公共资产，不能因政策变化而随意改变。这就要求充分考虑各种要素之间的恢复和连续方面的问题，其建设的原理主要包括四个方面[1]。

第一，保障连通性是关键，这也是城市生态基础设施和其他土地保护方式的主要区别之一。城市生态基础设施的连通性是自然系统功能得以正常运作的关键，将公园、保护地、滨水区、湿地和其他绿地空间充分连接，能够帮助建立土地需求的优先性，维护了自然生态系统的价值和功能，保障了城市野生动植物种群的健康和多样性。

第二，注重与周围环境的生态联系。城市生态基础设施建设需要一种整合的、考虑到大环境的分析方法，要关注并分析周围区域的生物和物理因素。比如，某区域内公园的建设和管理，不仅要考虑土地利用性质的变

---

[1]　黄丽玲、朱强、杜秀文、李琴博：《绿色基础设施——连接景观与社区》，中国建筑工业出版社，2010。

化对资源的影响，还要考虑如何在休闲娱乐和保护自然资源上达成共同的目标。

第三，要建立在合理、科学的土地利用规划理论和实践的基础上，景观生态学、保护生物学、地理学、城市与区域规划和景观设计方法等都是构建生态基础设施的理论基础。这些理论、实践和观念，有助于形成生态、文化、社会和实践之间的平衡和融合。强调城市生态基础设施应该在土地被开发之前规划和保护城市基础设施。城市生态基础设施建设能够在那些已经受到开发影响的区域，尽可能地扩大绿色空间和恢复生态功能。在此基础上，应该充分考虑土地所有者和相关利益者的需求和意愿。成功的城市生态基础设施建设要求考虑各利益主体的观点，并且要将市民组织的意愿融入设计之中。同时，还需要与社区内外的活动建立联系，形成多目标和跨尺度的生态保护网络。

第四，城市生态基础设施应该作为保护和发展的框架，满足精明保护和精明增长的要求。通过为保护和开发制定城市生态基础设施的基本框架，做出绿色开放空间系统规划，以维持基本的生态功能，提供大量的生态服务。换句话说，城市生态基础设施同时有利于自然和人类。城市生态基础设施建设不仅减少了对灰色基础设施的需求，还降低了洪水、水灾、泥石流等自然灾害发生的频率。可见，城市生态基础设施建设能够为未来增长提供一个框架，并确保能为后代保护有意义的自然资源。

三　城市生态基础设施功能和效益

城市生态基础设施本质上讲是城市所依赖的自然系统，是城市能持续获得自然服务的基础。其功能和效益主要体现在四个方面：维护生态系统服务、维护完整的生态网络、恢复自然生态过程与功能和调节人居环境质量。其中，维护生态系统服务包括保护物种及其栖息环境、减少水土流失和调蓄洪水、净化污水等；调节人居环境质量包括缓解交通污染、调节空气、降低噪音和缓解热岛效应、促进居民身心健康、促进休闲文化和生态教育、促进经济社会发展、导向和约束城市扩张。

（一）维护生态系统服务

城市生态基础设施概念中体现了解决生态危机和实现可持续发展的综合目标。它对生态系统的服务主要分为供应型服务、文化型服务、调节型服务、支持型服务。这些服务包含了非常重要的生态过程，而城市生态基础设施为这些生态过程的发展提供了场所（如表4所示），城市生态基础设施对自然过程的维系体现在保护物种及其栖息环境、减少水土流失和调蓄洪水、净化污水。此外，从生态经济学视角看，城市生态基础设施所提供的生态系统服务在当前经济平衡体系中具有一定的经济价值，并能够对这些服务的生态系统和自然资本进行量化。这里的生态系统服务主要包括生态系统的产品生产、生物多样性的产生和维持、气候气象的调和稳定、旱涝灾害的减缓、土壤的保持及其肥力的更新、空气和水的净化、废弃物的解毒与分解、物质循环的保持、农作物和自然植被的授粉及其种子的传播、病虫害爆发的控制、人类文化的发育与演化、人类感官心理和精神的益处等方面。而且城市生态基础设施的概念在这里不仅指能够提供这些服务的生态系统和结构，还强调了其在当前生态环境背景下的稀缺性[①]。因此，城市生态基础设施建设以为城市提供生态系统服务作为出发点，对城市生态基础设施内生态系统的服务进行量化分析，有助于理解城市生态系统服务及其产生负服务的结果。首先，确定城市中提供重要生态系统服务的区域，比如，连续林地可以保护栖息地中的各种动植物；其次，从经济成本、社会文化价值、弹性恢复力等多个维度进行评价；最后，根据其异质性特征、破碎化程度来制定规划，引导城市的可持续发展。

（二）维护完整的生态网络

城市生态基础设施的内涵，强调生物多样性的保护研究（如表4所示），其功能和效益不仅为城市居民提供生产、生活和娱乐的必需品，还为人类和动物提供栖息地，是动植物生存和繁殖的绿色通道。关于维护完

---

① 刘海龙、李迪华、韩西丽：《生态基础设施概念及其研究进展综述》，《城市规划》2005年第9期。

整的生态网络的具体研究也有很多，比如，Mander 等人从生物多样性保护的视角，对城市生态基础设施的功能进行研究，他在 1988 年《作为地域生态基础设施的补偿性区域网络》（Network of Compensative Areas as an Ecological Infrastructure of Territories）一文中用这一概念表示栖息地网络（habitat network）的规划，强调保护核心区、生态廊道、生态斑块等组成部分对生物保护的作用。同时，Selmand Van 在《生态基础设施：设计栖息地网络的概念框架》（Ecological Infrastructure：a Conceptual Frame Work for Designing Habitat Networks）一文中也进行了城市生态基础设施建设对保护生物多样性的影响研究。随后，荷兰农业、自然管理和渔业部于 1990 年颁布的自然政策规划（Nature Policy Plan）中也从生物和环境资源的保护与利用角度提出城市生态基础设施建设的重要性和关键性。关于城市生态基础设施或生态网络的构成，Jongman 认为生态网络包括了核心区、廊道、缓冲区以及必要的自然恢复区，并且提出城市生态网络建设的三个特点：前瞻性、作为自然政策制定的基础、作为国土和区域规划的一部分。Hubert 提出生态网络和生态基础设施建设即保护自然资源，包括保护水、空气、土壤以及生物多样性。Bohemen 以荷兰生态主要基础设施（Dutch Ecological Main Infrastructure）为例，提出城市生态基础设施由生态保护中心（自然核心）区、生态斑块、生态廊道和连接、缓冲带等四部分组成。

表 4　城市生态基础设施的功能和效益

功能	效益
体育锻炼,运动休闲和思考	改善身体和精神状态
教育和培训资源	孩子们对自然世界的正确认知
使社区参与到对绿色空间的保护、创造、维护和使用中来	提供维持居住环境的培训,例如传统工艺灌木作业 增强居民的社区意识 新老社区的融合度更高 通过社区归属感减少了犯罪和反社会行为
人类和野生动物的绿色通道	提高旅行和锻炼的承受能力 防止栖息地破碎化
提供自然排水系统	降低洪水暴发的风险

续表

功能	效益
提高水和大气环境质量、调节本地气候、降低噪音	提高人类和野生动物生存环境质量
提供栖息地	维持并提高生物多样性 通过动植物的交互作用提高居民生活质量
维护与提升景观效果	营建一种艺术感、令人愉悦的环境 促进旅游发展并吸引商机和技术人才
保护当地文化遗产	提升认同感，同时也是重要的旅游设施
创造独特的城市景观标识	提升城镇意象
成为城镇与乡村之间的连接通道	促进城市居民与乡村地域的交互作用
鼓励雇主在环境友善的区域落户	提供就业岗位并增强地方经济

资料来源：作者整理总结。

可以看出，从生物保护研究出发，城市生态基础设施主要指城市景观中有助于或能够引导生物在不同生境中运动的综合特征，比如，城市景观镶嵌体中的生态廊道等线性城市景观要素，城市核心栖息地的空间分布、连续性、内部结构的变化以及与周边生境的差异等，并强调形成连续的整体生态网络的重要性。因此，城市生态基础设施在保护生物多样性的研究中，与生态网络、生境网络等概念是基本同义的。

（三）恢复自然过程与功能

对城市生态基础设施的另一种理解是生态化的工程基础设施。传统的各种基础设施在人类的生产生活中，对社会、经济的运行和发展都起到了不同寻常的作用。一般意义上讲，传统基础设施包括人工物质基础设施（市政或灰色基础设施）、自然基础设施和社会基础设施三类[①]。这三类基础设施是根据时代的发展应运而生的，都是与不同时代的人类社会发展需求紧密联系的。进入 21 世纪以来，由于城市的无序蔓延、工业化、城市化，于是可持续发展成了当今时代的主题或需求，恢复自然过程与功能成为当前的当务之急。城市绿色（生态）基础设施成为解决目前问题并且

---

① 刘海龙、李迪华、韩西丽：《生态基础设施概念及其研究进展综述》，《城市规划》2005年第9期。

保障未来发展的关键举措。

城市化快速发展，忽视自然环境的工程化的市政/灰色基础设施建设，变得日益错综复杂，交织成网，对自然系统、生态功能和生态过程带来诸多负面影响。面对这些现实和问题，生态化的工程基础设施建设成为平衡和补偿这些工程化的市政/灰色基础设施带来的生态破坏和退化的重要途径。生态化的工程基础设施作为改善和协调传统基础设施工程规划、设计和实施阶段的多种功能的生态框架，其基本内容主要包括尊重生态格局与过程的连续性，采取生态工程技术来降低工程建设所带来的栖息地破碎等影响。而强调改善和强化周边的传统基础设施，比如加强城市景观的连续性等就被认为是一种常用的补救措施。

生态化的工程基础设施作为城市生态基础设施的重要组成部分，主要集中在用生态化手段来改造或替代道路工程、不透水地面、废物处理系统以及洪涝灾害治理等问题。比如建立用于水体净化和污水处理的试验性人工湿地，绿色屋面（Green Roofs）不同层次的暴雨洪涝治理、邻里步行系统、公园系统设计等城市生态基础设施研究等等。最具有代表性的是荷兰政府 1997 年强调实施可持续的水管理策略，其重要内容是"还河流以空间"。以默兹河为例，具体包括疏浚河道、挖低与扩大海滩（结合自然）、退堤，以及拆除现有挡水堰等，其实质是一个大型自然恢复工程，被称为生态化的工程基础设施，它旨在建立全国性的广阔而相连的自然区网络。这些城市生态基础设施建设目的是在人工化环境中恢复各种自然生态功能和过程，从而发挥对人类有益的各种服务职能，并尽可能减少人工基础设施对自然过程和服务的破坏。

以上的经验都表明，人们逐步开始认识到通过生态化改造和维护自然过程来恢复生态服务功能，完善城市生态基础设施建设。因为主要针对各种工程化基础设施，如交通运输、给排水、防灾、环保等，所以它也被称为生态基础设施或者绿色基础设施（绿色即强调生态化）。

（四）调节和改善人居环境

城市生态基础设施可以通过美化、装点、绿化社区环境既有益于城市居民的身心健康，又有助于居民缓解压力、促进健康，延长寿命。为居民亲近自然环境提供了契机，这不仅可以给居民的生理、心理健康带来益处，还可以为环境保护活动的进一步开展提供平台。城市生态用地具有生态教育功能，可以显著提高人们的生态意识，让人们对自然环境的价值和生物多样性下降认识得更加充分。此外，城市生态基础设施不仅为城市居民提供生态服务，还可以作为城市基础设施系统中的一个不可或缺的部分对"灰色基础设施"和"社会基础设施"的发展进行引导和干预。为保护城市生态用地免受快速城市化带来的负面影响，我国部分城市（广州、天津等）已经提出建设基本生态控制线的规划，以此来保证城市重要生态用地的保留，并引导城市扩张速度和方向，促进城市人与自然，以及经济发展与环境保护关系的协调。

第三章
城市生态基础设施与传统基础设施

近年来，伴随着城市化、城镇化、工业化进程的加快，城市基础设施建设步入高速发展时期。在城市经济结构和空间结构发生显著变化的同时，城市人口规模和用地规模也在显著增大。这种快速的城市化过程对于城市经济和基础设施建设起到巨大的带动作用，但同时也引发了一系列生态环境问题。党的十八大报告提出"把生态文明建设放在突出地位，融入经济建设、政治建设、文化建设、社会建设各方面和全过程，努力建设美丽中国，实现中华民族永续发展"。这为我国城市转型与城市生态基础设施建设迎来良好的政策机遇。然而，以前的基础设施建设往往只注重单一的工程需求，缺少对原来地质地貌的考虑和利用，在传统基础设施建设过程中，缺少统一的建设标准，土地利用相对比较随意，人为干扰比较严重，使得城市生态系统受到威胁和破坏。基础设施建设与生态环境保护之间存在矛盾。因此，有必要提升城市生态基础设施的战略地位，使传统基础设施向生态化方向转变和发展，明确传统基础设施和城市生态基础设施之间存在内在的联系。

一 城市生态基础设施与传统基础设施的关系

城市基础设施是既为物质生产又为人民生活提供一般条件的公共设施，是城市赖以生存和发展的基础。城市基础设施分为工程性基础设施、社会性基础设施及生态性基础设施三类。其中，工程性基础设施和社会性基础设施被称为传统基础设施，生态性基础设施被称为城市生态基础设施。这两者之间既有区别，又有联系，相互依存，不可分割。

（一）传统基础设施与城市生态基础设施

城市的一切物质生产和人民生活都是建立在城市传统基础设施这一载体之上，没有承载体这个基本条件，也就没有城市的存在和发展。传统市政基础设施是指为社会生产和居民生活提供公共服务的物质工程设施和社会服务设施，是用于保障国家或地区经济社会活动正常进行的公共服务系统。一般认为，城市传统基础设施分为两大类，一类是生产性基础设施，包括道路、桥梁及交通设施，水源、给排水及污水处理设施，电力、热力、煤气的公用设施，邮电通信设施，园林绿化、环保及市容环卫设施和防火、防洪设施等；另一类是社会性基础设施，包括文化、体育、住宅等设施。城市市政基础设施的主要作用有：①是城市赖以生存和发展的基础；②能直接为生产服务；③是实现现代化国际城市目标的重要环节；④具有明显的间接效益和显著的社会环境效果。

类似于传统基础设施，城市空间的健康发展以及城市和居民生态服务的保障是建立在城市生态基础设施这一生态载体之上，没有生态基础设施这个基本条件，也就没有城市生态的可持续发展。随着城市化进程加快和城市扩展，城市生态破坏日趋严重，因此有必要将城市生态基础设施提升至与城市传统基础设施相提并论的地位，从而满足城市生态安全需求，保障为城市及居民提供最低持续生态服务。

同时，需要指出的是，城市生态基础设施的另一层含义是"生态化"的人工基础设施，基于人们认识到各种人工基础设施对自然系统的改变和破坏，如交通设施被认为是导致景观破碎化、栖息地丧失的主要原因。人们开始对人工基础设施采取生态化的设计和改造，以维护自然过程和促进生态功能的恢复，并将此类人工基础设施称为"生态化"的基础设施。

（二）城市生态基础设施与传统基础设施的联系

城市基础设施分为工程性基础设施、社会性基础设施及生态性基础设施三类。其中，工程性基础设施和社会性基础设施被称为传统基础设施，生态性基础设施被称为城市生态基础设施。可见，城市生态基础设施和传统基础设施共同构成城市基础设施。这两者之间既有区别，又有联系。事实上，传统基础设施中也会涉及生态设施、生态工程等内容，但并没有将其作为一个明确的概念或类型提出。因此，生态化的基础设施也是城市生态基础设施的重要组成部分。

从内涵看，生态（绿色）基础设施、传统基础设施的内涵、关注点有很大不同，但相互之间存在一定的联系。传统基础设施是一种完全人工化的刚性基础设施，往往成本较高，且仅具有单一功能。与传统基础设施相比，城市生态基础设施不仅是以自然环境为基底的生命支撑系统，更具主动性、灵活性和功能复合性，建设和维护成本也相对较低，而且将传统基础设施和生态基础设施中的各类要素进行整合，进而形成更综合、稳定、可持续的基础设施支撑体系，更强调城市人工子系统与自然子系统之间以及系统各要素之间的相互关联、相互协调和有机整合。可以说，城市生态基础设施使整个系统的服务功能趋于最大化。

从功能看，城市生态基础设施作为一种"基础设施"，具有同其他生产生活基础设施类似的属性，是对"上部建筑"的支持，具有一种基础性的结构功能。如果把人类社会与自然生态系统的集合比作一座金字塔（如图1所示），那么城市生态基础设施就是这座金字塔建筑的根基。作为根基，城市生态基础设施应该具有为人们日常生活提供资源、服务等支撑条件的作用。虽然城市生态基础设施的概念是针对城市的可持续发展问题而提出来的，但随着城镇化的推进，城乡的可持续发展同样需要城市生态基础设施的支撑。如果抛开基于人性扩张欲望的膨胀式发展模式，而从一种良性和稳定的发展角度来看，当前的各种基础设施对实现城市可持续发展无疑都具有重要的影响。有人认为，工程性基础设施、社会性基础设施和城市生态基础设施三部分是一种平行关系，它们相互交织、相互联系、相辅相成①。如果从城市可持续发展角度来看，三者的关系更趋向于"金字塔"式的结构（如图1所示）。这种组成结构表明城市生态基础设

---

① 翟俊：《协同共生：从市政的灰色基础设施、生态的绿色基础设施到一体化的景观设施》，《规划师》2012年第9期。

施通过向人类和自然提供广泛的生态服务和生态补偿，而成为经济社会可持续发展的重要基石。这座金字塔形成了自上至下依次增大的支撑结构，构成一个稳固的人类生存环境的支持体系，也是一种人与自然和谐的可持续生存环境。

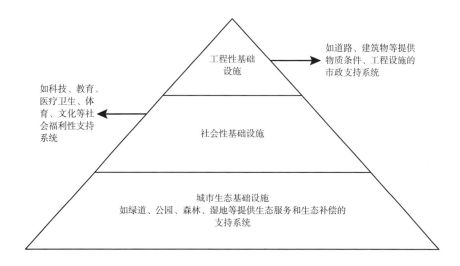

图1　金字塔式城市基础设施体系结构

（三）城市生态基础设施与传统基础设施的区别

城市生态基础设施与传统基础设施的区别在于，两者的目的、次序、功能和形式都有所不同（如表1所示）。比如，传统基础设施往往是以基础设施为主、生态保护为辅的功能设计，如道路的设计通常是为汽车而设计，而忽略了周围的环境；河道的设计则是以防洪为主，被裁弯取直或硬化，忽视了基础设施与城市开放空间、生态功能的结合。生态基础设施则强调自然保护与人类建设开发之间的协调和互利，以及与人工设施之间的协调互动，如自然水处理，建成区雨水渗漏导流以及对绿色空间和自然系统的保护、管理和修复等，在很大程度上减少了人工设施建设对环境的负面影响。城市生态基础设施以维护生态系统的连续性和完整性为前提，强调在城市建设用地规划之前，优先规划生态用地。

表1 城市生态基础设施与传统基础设施的区别

	城市生态基础设施	传统基础设施
目的不同	以维护生态系统的连续性和完整性为前提	生态(绿色)只是一种点缀,缺乏与生态过程的内在联系
次序不同	主动的优先的:在城市建设用地规划之前确定,或优先于城市规划设计	被动的滞后的:仅是为了满足城市建设规划目标和要求进行的,是被动的滞后的
功能不同	多元化功能,包括自然、生物和人文保护过程(如文化遗产保护、游憩,视觉体验)	单一功能的,如传统的道路仅是为汽车行驶而设计的,忽视了基础设施与城市生态功能的结合
形式不同	系统的:具有网络系统的连接性和完整性	零碎的:往往是迫于应付城市扩张的需要,并作为城市建设规划的一部分来规划和设计,缺乏长远的、系统的考虑

资料来源:作者自己整理。

从城市基础设施"公共"的特性和"提供服务"的功能上来看,城市生态基础设施应该包括两个方面的内容:一是自然系统的基础结构,包括大气、水环境、河流、绿地、湿地等为人们的生产、生活提供基础资源的系统;二是生态化的人工基础设施。由于人类社会与自然系统之间的共存关系,各种人工基础设施对自然系统的发展和改变具有重要影响。为避免对自然系统的生态服务功能造成破坏,人们开始对人工基础设施采取生态化的设计和改造,以维护自然过程,促进生态功能的恢复和实现。而传统基础设施则更注重满足工程建设的需要,功能比较单一,造价昂贵且缺乏对环境的整体考虑:道路就是让车辆通行,堤岸就是要防洪防灾,屋顶就是为了遮风挡雨,管道就是为了雨水排泄……这些功能单一的元素在传统城市设计中缺乏灵活性和弹性,而且往往是迫于应付城市扩张的需要,造成了自然承载能力的下降和土地功能的破碎化。同时在传统基础设施建设过程中,生态或者绿色只是一种点缀,城市绿地常被看作城市环境中锦上添花的点缀,而当城市绿色开放空间形成体系时具有的多功能效益却被忽视了。并且将基础设施作为城市建设规划的一部分来规划和设计,缺乏长远的、系统的考虑,缺乏与生态过程的内在联系。

可见,进行生态基础设施建设对城市可持续发展具有重要的推动作用。一是,城市生态基础设施建设强化了城市基础设施的生态功能。进行城市生态基础设施建设可以减少城市对灰色基础设施的需求，可以保障生态系统稳定、促进经济社会发展、减少对自然灾害的敏感性，同时有益于居民身心健康，它是任何城市所必须具备的基础性、支持性的"基础设施"。二是，城市生态基础设施建设强调了基础设施的整体性。工程性基础设施为城市居民提供了生产和生活的物质条件和工程设施，是城市发展的经济系统；社会性基础设施为城市居民提供了福利性的支持和帮助，是城市发展的社会系统；城市生态基础设施为城市居民提供了生态服务设施，是城市发展的生态系统。在城市复合生态系统中，生态系统是基础，经济系统是命脉，社会系统是主导。将城市生态基础设施看作支持城市发展的另一种必要的基础设施，并将其提升至与灰色（工程性）基础设施和社会性基础设施相同的战略地位，对城市可持续发展具有重要意义。三是，城市生态基础设施建设有利于促进城市人口、资源与环境协调发展和生态文明建设。城市生态基础设施建设不仅能有效改善城市空气环境、减少雾霾天气的发生或降低雾霾浓度，还能强化人口、资源、环境的协调发展，绿地或绿道增加，能有效提高建筑面积，减少核心城区人口过于膨胀、产业过于集聚、交通过于拥堵等现象，降低产业密度、建筑密度、人口密度，从而有效缓解城市环境污染、交通拥堵等诸多城市病；同时，城市生态基础设施为城市经济社会可持续发展、指导城市科学建设、加强环境保护提供了有益的理论指导，是构建更加生态宜居、低碳绿色城市和推进生态文明建设的重要保障；此外，由于人口增长、城市扩张、农村和自然区域萎缩，人类聚居区蔓延，单靠少量的国家公园、自然保护区等的局部保护，难以发挥对大自然的净化作用，从大区域、大城市群、城市与自然和谐发展的宏观战略看，城市生态基础设施对协调整个国家或区域人口、资源与环境可持续发展具有作用，能促进自然环境修复和生态平衡，降低生态的脆弱性，促进人口、资源与环境的协调发展，推进城市生态文明建设。

二　城市生态基础设施与各要素关系

城市生态基础设施体系各要素之间不是孤立的，而是通过相互联系、有机整合发挥其高效、多元的生态功能。了解城市生态基础设施与城市绿地系统、城市开放空间以及基础设施生态化之间的内在联系，有助于城市生态基础设施网络的构建和各内在要素之间的有效衔接。比如，城市地铁与绿地的结合，房屋建筑与屋顶绿化的结合等。

（一）城市生态基础设施与城市绿地系统

城市绿地系统建设看似一个简单的过程，但在实施过程中是一个比较复杂的过程。总结城市绿地系统概念发展的历程，可将城市绿地系统理解为：在城市空间环境内，以自然植被和人工植被为主要存在形态，能发挥生态平衡功能且其对城市生态、景观和居住休闲生活有积极作用，绿化环境较好的区域，还包括连接各公园绿地、生产防护绿地、附属绿地、风景区、绿心、公园道、公园系统及市郊森林的绿色通道和能使市民接触自然的水域[①]。城市绿地系统作为城市生态基础设施的组成部分，是城市及城市腹地较小的生态空间。同理，绿地系统规划对于城市总体规划来说，也是一种从属性质的专项规划。城市绿地系统是随着生态环境的不断恶化，针对生态服务系统的忧患提出来的，它也属于城市生态规划的范畴，是走在城市总体规划前面的动态规划类型，具有一定的战略性和前瞻性。

（二）城市生态基础设施与城市开放空间

城市开放空间与城市生态基础设施是紧密联系的概念，是城市生态基础设施在空间上的反映，更多指非建设用地的部分。城市开放空间指的是基于城市公共生活的开放场所。从宏观的角度看，城市开放空间是与自然环境相联系的，提供城市发展所需的实物和生存空间。从微观的角度看，城市开放空间与封闭空间相对应，也正是人工建筑物实体之外的空间环境。城市开放空间概念起源于1877年英国伦敦制定的《大都市开放空间法》，它对城市开放空间进行管理。1906年修编的《开放空间》将开放空间定义为：任何围合或是不围合的用地，其中没有建筑物，或者少于1/20

---

① 蔡雨亭、窦贻俭、董雅文：《基于城市可持续发展的生态绿地建设——以仪征市为例》，《城市环境与城市生态》1997 第 4 期。

的地面有建筑物，用剩余用地用作公园或娱乐，或者是堆放废弃物，或是不被利用的区域。在美国，城市开放空间被认为是城市内保持着自然景观的地域空间，或者得到修复或恢复自然景观的地域空间，也就是游憩地、保护地、风景区，或为调节城市建设而保留下来的土地空间。

美国1961年房屋法规定城市开放空间是城市区域内任何未开发或基本上未开发的土地，具有：①公园和娱乐用的价值；②土地及其他自然资源保护的价值；③历史或风景的价值。由此可见，美国把那些已经决定按其自然状态加以利用的土地看作城市开放空间。麦克哈格从生态角度认识到城市开放空间的价值，认为大城市地区保留作为开放空间的土地应按土地的自然演进过程来选择，即该土地应是内在的适合于"绿"的用途的。克·亚历山大在《模式语言：城镇建筑结构》中将开放空间定义为："任何使人感到舒适、具有自然的屏靠，并可看往更广阔地域的地方，均可以称之为开放空间"。查宾指出，开放空间是城市发展中最有价值的待开发空间，它一方面可为未来城市的再成长做准备；另一方面也可为城市居民提供户外游憩场所，且有防灾和景观上的功能。由此可见，城市开放空间所涵盖的内容与我们这里研究的城市生态基础设施的范畴是基本一致的，都是强调在城市内保护或恢复自然景观，强调城市建设过程中对自然环境的尊重和善待。

（三） 城市生态基础设施与基础设施生态化

城市化进程的加快、社会经济的快速发展、"灰色基础设施"急剧增长带来严重的人居环境问题：水土资源短缺、"热岛效应"、洪涝灾害严重、沙尘天气频繁……，这一切使我们重新审视与大自然的关系，为促进人与自然的和谐共存，必须实现城市传统基础设施建设的生态化。道路、桥梁等"灰色基础设施"占据了城市绿地面积，阻止植物的传粉、播种，影响动物迁徙和繁衍，基础设施生态化建设能将孤岛状的城市绿地连接成系统的网状空间、维持生命的自然进程、保护生物物种多样性，具有生态系统服务功能。为了改善城市生态环境，发挥绿色植物的生态效益，必须挖掘城市传统基础设施生态化发展的潜力，改善生态环境，提高生活质量，建设生态型城市空间。

基础设施生态化是生态化研究的重要部分。城市基础设施生态化指：为生活、生产提供服务的各种基础设施向生态型不断发展和完善的过程，包括工程性基础设施的生态化及社会性基础设施的生态化。而生态型是以可持续发展为目标，以生态学为基础，以人与自然的和谐为核心，以现代技术和生态技术为手段，最高效、最少量地使用资源和能源，最大可能地减少对环境的冲击，以营造和谐、健康、舒适的人居环境状态。城市基础设施的生态功能与生态特性，既是从生态学的角度对基础设施功能和特性的认识，也是基础设施系统作为一个人居环境的重要因素，对生态环境产生影响和作用。城市生态基础设施更多从与建筑实体空间相对的角度出发，主要涉及非建设用地的各种自然、社会和经济价值，包括生物栖息、环境保护、安全庇护、休闲游憩、历史遗产保护、带动经济以及景观意象塑造等需要的空间。

三　城市传统基础设施的生态化发展

城市化的快速发展，不仅消耗了大量的自然资源，而且忽视了自然环境中对原貌原地的精心保护，使工业化景观不断地膨胀发展，而自然景观又不断被吞噬破坏。尽管城市发展需要不断地改造自然，但是人类为了可持续发展，为了子孙后代，又希望自然生态能尽量维持原状。可见，人类对自然要进行改造，又要保持与自然的协调，这是一对矛盾的两个方面，也是一个很难协调的问题。近年来，城市建设中环境问题已备受关注。城市绿化美化运动不断展开，公园、广场等大面积集中绿地建设正大规模兴起，与此同时，随着道路、河流、城市公用设施带等建设的大量展开，其两侧的环境建设也全面铺开。先后建成了一批园林城市、花园城市、山水城市，但从国内外横向比较分析来看，现阶段的"绿化、美化"运动还是以绿化美化为主，并没有真正解决城市可持续发展的生态问题。拥挤的城市空间、紧张的生活节奏、污染的居住环境以及缺乏安全感等情况依然存在，城市生态系统对于自身产生的余热、噪音和"三废"等废弃物的净化能力还比较弱。因此，传统城市基础设施向生态化方向发展是一种必然趋势。

（一）道路交通工程生态化

1998 年 1 月，全国绿化委员会、林业部、交通部、铁道部等联合发出了《关于在全国范围内大力开展绿色通道工程建设的通知》，决定从1998 年开始，在全国范围内，以公路、铁路和江河沿线绿化为主要内容，掀起绿色通道工程建设高潮。该绿色通道工程实施的目的，一方面，使公路、铁路、江河等道路交通工程得到保护，沿线环境得到优化；另一方面，充分发挥道路交通的纽带作用，在促进城与城、城乡以及城内道路交通的同时，使得整体的绿化、美化向纵深发展。这些道路、铁路、河流等线性空间两侧的绿带建设，就是道路交通工程生态化的雏形。

随着近年来道路交通建设的快速发展，形成了大量高速公路及国道省道的道路交通网络。目前道路交通工程的建设还是为了固土护坡、固沙及美化效果，规定需要对道路两旁进行绿化建设。建设也主要围绕沿线两侧的防护绿带、上下边坡、中央隔离带、互通区等展开，以绿化种植为主，绿化的主要目的是固土护坡、美化沿线的绿化景观等。而且，在满足交通安全的前提下，不断强化对美化绿化方面的追求，单从城市景观设计师的角度看，我国道路交通工程的设计过多地注重了美化工作，缺少文化特色的凸显，生态性问题没有得到正确的理解和应有的重视。

道路交通工程的生态化发展坚持贯彻生态环境保护的原则，在道路设计过程中，尽可能地提高道路交通环境质量，妥善处理好道路工程与生态环境保护之间的关系，尽量减少道路在生物或自然保护区的密度、长度、等级以及车流量。合理规划道路交通工程影响区的生态斑块或绿色斑块，为野生动植物保留尽可能大的生存和活动空间，并在道路中设置专门的动物通道。同时，在道路交通工程具体规划中，要采取相应的环保措施，比如，避免扬尘及采用降噪路面、隔音措施、透水性设计等。

（二）河道水系工程生态化

河湖水系工程是城市基础设施建设的重要组成部分。在纯自然形态时，河道生物具有多样性，功能综合丰富。如沿河植物与植被带，对防止河道富营养化、防洪缓冲和净化水质等方面起到重要的作用。特别是通过吸附水体中的悬浮粒子，在降低磷、氮负荷中起到重要的作用，从而提高河流的水质。此外，河岸缓冲林带也能提高生物与景观的多样性，沿河岸的植物也利于稳固河岸和改善河流中鱼类和无脊椎动物等各种动植物的栖息地。自然河床适度的底泥与植被根系内丰富的微空间对于繁殖城市各种微生物是最好的基地，有利于水质的净化。

进入工业化与后工业时代，由于社会经济与科学技术的快速发展，城市土地利用方式和用地规模发生了根本性变化。许多原来的农牧、森林、湿地渔业等转变为城市工业或居住模式。在这种模式转变过程中，城市的土地利用、开发实质就是向河道、湿地扩展的转变，城市河道水文系统的结构要素如河岸土壤、植被进一步遭到破坏，河岸形式快速人工化、渠道化。重要的是，许多原本滞洪、贮存雨水的小河、池塘、湿地的消失，不仅缩短了汇流时间，还改变了各个流域的景观形态与结构。由此可见，随着城市的发展变化，城市河道水文系统的组成元素受到强烈干扰，水文生态系统的稳定性丧失，综合功能也逐步变得单一化。

沿河临水区通常是城市最早的市街区与商贸交易地带。城市河道的结构慢慢向半自然形态转变，河岸植被的消失使河道生物多样性减少，河道的净化功能变弱。但河岸的自然堆砌，河底的自然乱石、底泥和多种类的水生植物，仍可为水中微生物提供足够的繁殖与栖息场所。然而，当城市进入后工业阶段，城市河道结构大规模向浆砌块石和混凝土堤岸形态转变。河岸植被与水中生物完全丧失了栖息空间，水体中的生物多样性减少到最低，生态功能极大削弱，水体自净能力极度减退，加上大量工业与生活污水没有得到有效控制，河道污染问题日趋严重。其中，水文系统失衡、水涝灾害频繁、生物多样性下降、水质污染等问题是目前河道水系工程中存在的最大问题。因此，城市河道水系工程要向生态化方向发展，要清楚认识到城市化带来地表硬质化，不透水下垫面大面积增加，地表径流迅速增加，自然可渗地面急剧减少，下渗水量大大减少，与城市河道水系的破坏有直接关系。

河道水系工程的生态化发展是从安全、生态、经济和效益等多方面来考虑的，既要恢复河道的自然功能，又要满足人类生存的需求，以"回归自然"与"以人为本"相结合为河道水系工程生态化发展的原则。其中，"回归自然"是恢复河道原有的自然功能，满足行洪、排涝、蓄水、航运、水生态等要求，具有水资源可持续发展的特性；"以人为本"是满足人们活动的需求，处理好人与水和谐相处的环境，具有亲水、安全的特性。通过水景观、水生态、水文化的建设，营造居住舒适、环境美观、水清岸绿、和谐自然的生存和发展空间，使生物多样性得到增强。

（三）排污系统生态化

目前，全国废、污水排放使河流水环境遭受严重破坏。全国七大江河流域的 50% 河段已被污染，江苏、广东、上海等一大批省市已经面临日益严重的"水质污染型"缺水，如广东省的珠江三角洲地区形成了"经济发展——水体污染——水质下降"的恶性循环。目前我国有 400 多个城市缺水，正常年份缺水达 $60 \times 108\mathrm{m}^3$，预计 2030 年缺水量将达到 $(400 \sim 500) \times 108\mathrm{m}^3$。而目前全国城市污水排放量大约为 $414 \times 108\mathrm{m}^3/\mathrm{a}$，城市污水是水量稳定、供给可靠的一种潜在水资源。因此，城市污水的再生利用是开源节流、减轻水体污染程度、改善生态环境、解决城市缺水问题的有效途径之一。不少地方政府对污水再生利用的认识不够，在缺水时优先考虑的是调水，而且绝大多数城市污水处理厂的规划、设计与建设目标是达标排放，往往没有考虑污水的大规模再生利用。

城市污水再生利用应纳入城市总体规划以及城市水资源合理分配与开发利用计划。例如：要求新建居住区和集中公共建筑区在编制各项市政专业规划时，必须同时编制污水再生回用规划。污水回用产生的"中水"可作为厕所冲洗、园林和农田灌溉、道路保洁、洗车、城市喷泉、冷却设备补充用水等对水质标准要求不高的用水。这样一方面为供水开辟了第二水源，可大幅度降低"上水"（自来水）的消耗量；另一方面在一定程度上解决了"下水"（污水）对水源的污染问题，从而起到保护水源、水量的作用。

城市污水处理工程生态化发展是通过合成与分解、聚集与扩散等多种过程，达到消除污染的目的。一般采用的方法有：人工湿地、稳定塘、土地处理、水生养殖基础等。特别是人工湿地技术是近几年被广泛应用的技术，成为城市污水处理工程生态进化的先锋技术。

四　城市生态基础设施体系构建原则

城市生态基础设施建设整合了生态学、景观学、城市规划等多个学科分类，是一个能将多种学科融合发展的复杂工作。它主要秉承规划先行、重点保护、完整的网络体系、自上而下和自下而上相结合的原则。

（一）坚持规划先行原则

很多西方国家走过了"先破坏后治理（修复）"的道路。事实已经证明，这不仅会造成很多负面影响，而且修复或治理的费用也远远超出为了保护这些生态资源所需的管理或维护费用（Benedict & McMahon，2002）。因此，在城市总体规划中首先要考虑的就应该是以自然资源为基础的城市生态基础设施的规划（俞孔坚等，2004）。只有在城市生态基础设施的框架下进行城市建设的各项具体规划，才能确保现存的生态用地免受城市发展的不利影响，最终实现经济发展和生态保护的和谐统一。对于城市的建成区来说，为了保护原有的生态资源，需要在城市建设和规划前期，进行严格的生态环境评估和生态建设的受益分析，积极听取民众的意见或建议，因地适宜地进行城市建设，努力把握生态重建的时机。当然，不同尺度、不同层面的城市生态基础设施规划会有所差异，比如城市群规划、城市总体规划、区级规划及社区规划等，在这些层次上都需要进行城市生态基础设施规划，但其注重的层面有所差异。

在不同空间尺度上，尽管城市生态基础设施规划的侧重点有所不同，但都应该坚持规划先行的原则。在城市尺度上，城市生态基础设施规划应该注重城市群或城市整体格局和规模的规划；在区级尺度上，应该注重与城市总体尺度上的生态基础设施相衔接，在此基础上，强化生态发展意识，合理地进行布局，以组成一个有效的、完整的、互动的生态网络；在社区尺度上，应更注重社区的美化和城市居民的需求，比如采取立体绿化的方法进行社区的美化。俞孔坚等（2004）描述了景观设计师克里夫兰（Cleveland）为美国明尼苏达州的明尼阿波利斯所做的城市景观规划，重视自然环境资源，提倡规划先行。因此，城市生态基础设施建设的核心思想就是要综合社会、经济、生态各方面的利益，在现有和将来的可利用土地上分别辨识适合进行保护和发展的土地，在明确保护边界的同时，最大限度地促进隐性资源的开发和利用，发掘特定城市自然资源环境的经济、社会功能和生态效益，使城市生态基础设施规划编制在还没有分配和占用土地之前完成。这不仅可以及早保护土地资源和绿色空间，减少重要自然生态系统被城市化过程侵蚀的危险，也为新发展的布局草拟框架，从而为土地的保护和开发提供一个非常有效的途径。

（二）坚持重点保护原则

由于城市的快速发展和蔓延扩张不仅表现为对林地、绿地、草地、农田及湿地等土地植被覆盖状况的改变，还会带来山体、海岸线、河道、城市景观等自然地质地貌景观的改变。而这些自然地质地貌的城市景观作为长期自然过程的结果，对自然生态过程的维系和稳定具有重要作用，这些系统一旦遭受破坏，就非常容易造成生态过程的紊乱，影响城市人居环境质量，并可能导致滑坡、水土流失、水涝灾害、风暴潮、气候变化等自然灾害风险的加剧（吴健生等，2004；周洪建等，2008）。因此，这些地质地貌景观在城市建设的过程中必须得到尊重，并得到重点保护。这就要求，城市生态基础设施建设中首先要分清楚哪些区域是城市用地扩张的"禁区"，并以此作为城市生态基本控制区进行重点保护和永久保留。这类区域一般因地制宜地确定，比如可以包括山地（特别是坡度较大和海拔较高的山地）、河网、海岸带和连续分布的且具有较大面积的林地等（李团胜和石铁矛，1998；Walmsley，2006；俞孔坚等，2007）。

（三）坚持网络体系原则

城市生态基础设施是由生态斑块、生态廊道和踏脚地（生态保护中心）组成的，但并不仅仅是这三种要素的简单组合，而应该是由这些具有不同特点和不同功能的要素相互连接而成的一个有机网络体系。因此，城市生态基础设施建设不仅要强调城市生态用地面积的扩大和对城市重要生态用地红线的划定，更要将这些城市生态用地通过生态廊道进行有效的连接，形成一个高效、完整、生态的网络整体（李团胜和石铁矛，1998；

Benedict & McMahon，2002）。

在城市生态基础设施构建中要注重科学地衡量城市生态用地面积的大小和使用的效能，其中，"系统性"是衡量这方面的重要标准，这对保证重要生态过程稳定具有重要作用。这里的"系统性"是指通过建立和维持绿地斑块之间的连接，发挥绿地生态网络对于保护生物多样性的综合性作用。我们这里所讲的城市生态基础设施构建的网络原则就是基于这种生态网络性思想的内核，使绿色资产发挥"网"的整体生态作用。通常可以通过寻找"生态保护中心"和"生态廊道"的方式来构建区域的生态基础设施网络。其中"生态保护中心"是生态网络中具有重要生态功能且面积较大的自然区块，一般可以根据一定的标准进行提取，如连续分布的超过 100 公顷的森林、有 100 公顷以上原生生态湿地的湿地综合体等。"生态廊道"是网络中连接"生态保护中心"的线性要素，用以保证野生动植物的迁徙和扩散过程。"生态廊道"分为三种生态型：陆地、湿地和水域，分别包括基于土地利用覆盖类型、道路、缓坡、生态用地和土地管理，绿地、湿地、公园、绿化带，河流宽度、水生生物群落状况等，共同反映城市生态基础设施构建过程中生态网络的重要性。通过对以上要素的细分和归纳，确定在不同条件下野生动植物迁徙的难易程度，定量化之后，最终基于 GIS 平台空间分析模块的最短路径分析，提取最合适动植物栖息或迁徙的生态廊道，从而与"生态保护中心"共同构建起城市区域的生态基础设施网络。这种生态基础设施网络不仅可以起到联系生态"孤岛"、增强生态斑块之间连通性的作用，还可以在一定程度上遏制大城市的无序蔓延。

（四）坚持自上而下和自下而上相结合的原则

城市生态基础设施构建中，要充分发挥决策者"自上而下"和公众"自下而上"的积极作用。对决策者而言，首要关注的是如何实现城市生态基础设施建设的最优格局；具体到某个内容时如何达到最优，比如城市生态用地总量及其所占城市总体面积的比例，城市绿地面积、人居绿地面积等，应该达到怎样的标准。就目前而言，还没有统一标准，不同城市也都有各自规定。李团胜和石铁矛（1998）认为，从卫生学上保护环境的要求和防灾防震的要求出发，城市绿地面积应在 50% 以上，从大气中 O_2 与 CO_2 的平衡来看，城市居民每人需要 $10m^2$ 森林面积；而事实上，加上化石燃料燃烧产生的 CO_2，城市中每人需要有 $30 \sim 40m^2$ 的绿地面积。同时，还要关注在总量一定的情况下，如何通过城市基础设施的格局优化为公众提供更好的生态服务。因此，城市生态基础设施的构建应该按照生态用地作用类型的不同分别进行格局优化。保留斑块和斑块之间的有效连接对保护生物多样性具有重要作用（Benedict & McMahon，2002）。在此基础上，要保证生态用地的总量和连通性，采用分散和集聚相结合的方式，来改善人居环境质量。例如，城市生态基础设施建设不仅要建设大型公园和绿地等集体性休憩和娱乐活动场所，还需注重社区小型绿地的建设，以保证居住环境的美化和就近休憩场所的供给。

公众的参与主要分为两个方面，一是参与决策，二是参与城市基础设施构建和保护。决策者在决策过程中不仅要获得公众的支持和认可，还要征询公众的意见，充分利用公众的智慧和对城市生态基础设施的需求进行有效的综合分析。鼓励公众参与城市生态基础设施构建和保护，与此同时，不仅要吸引社会资金和人力资源参与城市生态基础设施建设，节约相应的管理和维护成本，还要通过公众的监督更有效地保护生态用地免受城市扩展的不利影响。

总之，城市生态基础设施是一个综合的概念，不但包括传统的城市生态用地系统，而且更广泛地包含一切能提供各种生态服务的空间，如大尺度地貌格局、自然保护地、林业及农业系统等生态用地。它不仅突出了城市生态用地的重要性，并且强调了不同类型生态用地的组合及其有效连接而构成的生态网络体系的重要性。城市生态基础设施是不同尺度、不同类型生态用地的综合，因此也具有综合的生态作用，一方面可以维系自然过程，如物种保护、保持水土、防风固岸及维持水体自净能力等；另一方面可以改善人居环境质量，即缓解交通污染，调节空气与降低热岛效应，促进休闲文化和生态教育，促进社会经济发展，以及引导和约束城市扩张。

第四章　城市生态基础设施内容体系

城市生态基础设施是协调城市与自然的相互关系，维持和推动整个城市生态系统的稳定和平衡，为城市提供生态调控和基础性服务的支持系统。一方面，它为城市提供必需的自然要素（水、大气、土壤、动植物等），并以此调控城市的发展速度、规模、方向；另一方面，它不断维护自身的自然净化能力、还原能力、生产能力，保持自身结构的稳定和功能的高效，从而最大限度地发挥"支持"功能。天津市生态基础设施建设的主要内容包含两大部分：一是自然生态基础设施，涵盖大气、水、绿地、湿地、林地、森林、公园等；二是生态化的人工基础设施，涵盖交通、邮电、通信、排污、环境卫生等。在这里我们只着重分析和论述其中的几个中重要方面。

一　城市水环境生态基础设施建设

城市水环境是城市生态系统存在和发展的最基本的物质条件，是影响人们生活生产和生物群体生存的关键要素，也是城市生态环境和城市生态基础设施建设的重要组成部分。城市水环境生态基础设施主要由河流、湖泊、水库、海洋、池塘等地表水环境和给水、排水、污水处理、中水、雨水和景观用水等给水排水系统两大部分组成。其生态功能包括栖息地功能、过滤作用、屏蔽作用、通道作用、源汇功能等方面。天津起源于水，市民生活与水息息相关，但随着城市化进程的加快，人口和经济活动高度集中，人工建筑面积增大，直接改变了地表径流过程与条件。同时，城市随着社会经济的高速发展对水的需求量激增，这又进一步影响着天津城市水环境生态基础设施的时空分布和水质变化。

（一）　城市水环境生态基础设施的内涵

所谓水环境是指，自然界中水的形成、分布和转化所处的空间环境。它是指在居民周围的可直接或间接影响人类生活和发展的水文环境。也有人称城市水环境是指相对稳定的、以陆地为边界的天然水域所处空间环境。我们这里研究的城市水环境主要由地表水环境和地下水环境两部分组成。地表水环境包括河流、湖泊、水库、海洋、池塘、沼泽、冰川等，地下水环境包括泉水、浅层地下水、深层地下水等。由其组成可以看出，水环境既是城市生态系统存在和发展的最基本的物质条件，也是影响人们生活生产和生物群体生存的关键要素。城市水环境是城市生态环境和城市生态基础设施建设的重要组成部分。

城市水环境作为城市生态基础设施的重要部分和基础内容，是指遵循人、水和谐理念，以实现水资源可持续利用，从而支撑城市经济社会的和谐发展，保障生态系统的良性循环，维护人、水和谐的一种文化形态。城市水环境生态基础设施一般表现为人工建设的沟、渠、管、道、井与天然的河、湖、池、塘等相配合，形成一种具有人工调控功能的水文结构。这些城市水环境从其功能和作用上改变了城市地区与周围地区地表水与地下水的自然分布状态。

城市水环境生态基础设施以城市水文环境为依托，以区域地表水和地下水为来源，主要包括河流、湖泊、水库、海洋、池塘等地表水环境和给水、排水、污水处理、中水、雨水和景观用水等给水排水系统两大部分。其中，地表水环境强调维护、保养和管理；而给水排水系统提倡节水和水的循环利用，要求水环境系统的综合效率达到最优。给排水子系统在城市水环境生态基础设施体系中具有重要的作用。这是因为，如果没有污水管网和污水处理的城市基础设施，人们生活、生产活动排出的废物大部分会直接进入城市的河道系统，这些废弃物既会进一步恶化水生动植物的生存环境，还会对人们饮用水，以及食用的水产品带来不良的影响。有关研究结果表明，冠心病、高血压性心脏病的死亡率与水的总硬度、氯化物、硫酸盐、钙、镁含量呈正相关。脑血管疾病死亡率与水中钙含量关系最密切，也呈正相关。基于此，城市给水排水系统向生态化方向转变，其原理是使水的循环利用率达到最大和污水的排放量达到最小。实现给水排水系统的生态化，必须结合城市总体水资源和水环境规划，合理制定给水排水系统用水规划和水环境系统设计。总的原则应是 3R 原则，即 Reduce（减少）、Reuse（回用）、Recycle（循环）。也就是说，要尽可能节约、回收、循环使用水资源，提高水资源利用率，减少废水排放和对城市水环境的污染，努力实现城市水环境的可持续利用和循环发展。

（二）城市水环境生态基础设施的生态功能

城市水环境生态基础设施的生态功能包括栖息地功能、过滤作用、屏蔽作用、通道作用、源汇功能等方面。

1. 栖息地功能

所谓的栖息地功能是指能够为特定区域内的植物和动物（包括人类）正常的生活、生长、觅食以及繁殖提供生命循环所必需的物质和能量。比如生存和居住空间、洁净的食物、干净的水源以及庇护所等。以城市河道为例（如图 1 所示），河道通常会为多种水生动植物提供其生存所需的条件和环境，这些水生动植物可以利用河道来生活、觅食、饮水、繁殖，并形成重要的生物群落。通常情况下，城市水环境生态基础设施的栖息地结构一般可以分为两种类型：内部栖息地和边缘栖息地。其中，内部栖息地具有更稳定的水文环境，能够为城市提供较长时期相对稳定的生态系统的服务。相对而言，边缘栖息地处于复杂多变的水文环境之中，稳定性弱一些。但相对于内部栖息地，边缘栖息地的水文环境中有着更多的物种构成和个体数量。它在城市水文生态基础设施中起到了过滤器的作用，同时也是维持大量动物和植物群系变化多样的城市水文环境。

城市水文生态基础设施的栖息地功能，很大程度上受到城市水文系统的连通性和宽度的影响。一般情况下，城市在河道范围内连通性的提高和宽度的增加会提高该河道作为栖息地的价值。城市河流流域内的地形和环境梯度（例如土壤湿度、太阳辐射和沉积物的逐渐变化）会引起植物和动物群落的变化。因此，宽阔的、互相连接的、流动的城市水文生态基础

图1　城市水环境生态基础设施示意

设施是良好的栖息地的前提，它的河道具有多样化的本土植物群落。

2. 通道作用

通道功能作用是指城市水环境系统可以作为能量、物质和生物流动的通路。城市水文生态基础设施由水体流动形成，又为收集、转运河水和沉积物服务，同时还要通过自身对其他相关的物质和生物种群进行转移。以城市河道为例，城市河道既可以作为横向的通道，也可以作为纵向的通道，生物和非生物物质在河道中向各个方向移动和运动。有机物物质和营养成分从高处漫滩流入低洼的漫滩从而进入河道系统内的溪流，进而影响建筑材料构成的人工建筑系统，从根本上改变了城市地表的热力学、动力学等特征，破坏了城市地表原有自然状态下的能量平衡和水分平衡，从而对城市的温度、湿度、气流产生影响。在城市内部，由于受建筑物的影响，局部地区风速差异甚大，建筑物形成的狭窄效应可能使局部风速加快；相反，建筑物挡风使背风面风速大大降低。建筑物的阻碍效应产生不同的升降气流、涡旋和绕流，使得城市风向、风速变化复杂化。

3. 过滤和屏障作用

水环境生态基础设施的河道屏障作用是指，通过水体阻止能量、物质和生物运动的发生，起到过滤器的作用，允许能量、物质和生物有选择性地通过。城市水文生态基础设施的这种过滤和屏障作用，既可以减少水体污染、最大限度地减少沉积物转移，又可以提供一个与土地利用、植物群落以及一些运动很少的野生动物之间的自然边界。影响城市水文生态基础设施的屏障和过滤功能的因素，是城市水文的连通性（缺口出现频率）和河道宽度。道理很浅显，一条宽广的河道会提供更有效的过滤作用，而一条相互连接的河道会在其整个长度范围内发挥过滤器的作用。因此，边缘的形状是弯曲的还是笔直的将会成为影响过滤功能的最大因素。在这种情况下，整个城市流域内向着大型河流峡谷流动的物质可能会被河道中途截获或是被选择性滤过。城市地下水和地表水的流动，可以被植物的地下部分以及地上部分被过滤。城市河道的中断缺口有时会造成该地区过滤功能的漏斗式破坏损害。例如，在沿着河道相互连接的植被中出现一处缺口，就会降低其过滤的功能，从而集中增加了进入河流的地表径流，造成侵蚀、沟蚀、损害，并且会使沉积物和营养物质自由地流入河流之中。

4. 源汇作用

城市水文生态基础设施的源汇作用是指，为其城市周围流域提供生物、能量和物质。这里"汇"的作用就是，不断地从城市周围流域中吸收生物、能量和物质。河岸通常是作为"源"向河流供给泥沙沉积物。当洪水在河岸处沉积新的泥沙沉积物时，它们又起到"汇"的作用。在整个流域规模范围内，城市河道是流域中其他各种生态斑块栖息地的连接通道，在整个流域内起到了能够提供原始物质的"源"和通道的作用。生物和遗传基因方面的"源"和"汇"关系是非常复杂的。比如，小的森林斑块地带可以被看作"汇"，这些区域会通过使这些物种不能在此地区得到很好的繁殖，而导致它们的物种数量和遗传基因多样性减少。相比较而言，大型森林斑块地带具有足够的内部栖息地，就能维持鸟类成功的繁殖，从而成为能够提供更多个体数量和新的遗传基因组合的"源"。

（三）天津水环境生态基础设施建设状况

天津位于海河流域的下游，分属海河流域的北三河（潮白河、蓟运河、北运河）水系、海河干流水系、大清河水系、永定河水系、黑龙港运东水系和漳卫南运河水系。所以天津市水资源包括当地的地表水资源、地下水资源，还有跨流域调水（引滦水、引黄水）及其他非常规水资源，如雨水、污水、海水等。流经天津市的行洪河共 19 条，河道总长 1095.1 公里；排污河道 79 条，总长 1363.4 公里，天津市境内各主要河流概况如表 1 所示。

表 1　天津市主要河流基本情况一览

单位：公里，平方公里

水系	河流名称	起止地点		河道长度	流域面积、比例(%)	河道原主要功能
		起	止			
北三河	蓟运河	九王庄	防潮闸	189.0	6227 (55.1)	泄洪、排涝、农灌、农业用水
	沟河	红旗庄闸	九王庄	55.0		泄洪、排涝、农灌
	引沟入潮	罗庄渡槽	郭庄	7.0		泄洪、农灌
	青龙湾减河	庞家湾	大刘坡	45.7		泄洪、农灌
	潮白新河	张甲庄	宁车沽	81.0		泄洪、农灌
	北运河	西王庄	屈家店	89.8		泄洪、农灌、农业用水
	北京排污河	里老闸	东堤头	73.7		排污、排涝、农灌
	还乡新河	西准沽	闫庄	31.5		泄洪、农灌
永定河	永定河	落垡闸	屈家店	29.0	327 (2.9)	泄洪、农灌
	永定新河	屈家店	北塘口	62.0		泄洪
大清河	大清河	台头西	进洪闸	15.0	2637 (23.3)	泄洪、农灌
	子牙河	小河村	三岔口	76.1		泄洪、农灌
	独流减河	进洪闸	工农兵闸	70.3		泄洪、农灌
	子牙新河	蔡庄子	洪口闸	29.0		泄洪、农灌
漳、卫、南运河	马厂减河	九宣闸	北台	40.0	2066 (18.3)	泄洪、农灌
	南运河	九宣闸	十一堡	44.0		排涝、农灌
黑龙港及运东地区	沧浪粟	翟庄子	防潮闸	27.4		排涝、农灌
	北排水河	—	—	—		排涝、农灌
海河干流	海河干流	三岔口	大沽口	72.0		泄洪、排涝、农灌、城市备用水源、景观水、工业用水

数据来源：天津市水利局 2010 年数据库。

目前，天津市河流水质较差。一方面是境外污水排放造成的，另一方面是由汛期洪水下泄造成的，这种状况具有随机性和隐蔽性，不易被发现，不易被防治。但城市供水水源水质状况比较稳定，近年来连续达标率一直保持在100%。从天津现行水环境保护措施看，天津在污水处理方面取得了一定的成绩。比如，修建了纪庄子污水处理厂。从2007年开始推动全市实施水环境治理三年行动计划。共计完成40条河道的改造工作，并在河道周围打造水清、岸绿的生态景观；并合理利用这些景观布局，增加花园、假山、瀑布等特色景观，提高了水体自身自净和生态修复能力。

1. 城市化对水环境生态基础设施的影响

天津起源于水，市民生活与水息息相关，但随着城市化进程的加快，人口和经济活动高度集中，人工建筑面积增大，直接改变了地表径流过程与条件。同时，城市随着社会经济的高速发展对水的需求量激增，这又进一步影响着天津城市水文的时空分布和水质变化。城市水环境生态基础设施一般表现为人工沟、渠、管、道、井与天然河、湖、池、塘等相配合，形成一种人工调控的水系结构，从而改变了城市地区与周围地区地表水与地下水的自然分布状态。城市水环境生态基础设施以城市水文环境为依托，包括城市工业用水、城市生活用水、城市农业用水和城市绿地等其他用水。任何一个城市的淡水资源总量都是有限的。总之，城市水环境生态基础设施状况是影响城市生态环境和社会经济系统发展变化的重要因素。

2. 水资源短缺

据统计，现代城市每天人均生活需水量平均应为400～500升，一个百万人口城市每天生活需水量就高达50万吨；而在城市用水中工业用水一般要占城市总用水量的70%～80%，这样维持一个百万人口的城市一天的正常运转就需要大约250万吨的水资源。可见，城市缺水不但直接影响居民生活，更影响城市经济发展。早在1972年联合国"人类环境"会议就指出，水资源问题已是许多国家面临的一个技术、经济和政治上复杂且日益严峻的问题。据报道，我国已有300多个城市水资源不足，尤其是沿海大城市缺水异常严重。

天津市水资源的重复利用率已达到80%。据近十年的资料统计，天津市年平均用水量30.8亿立方米，扣除农业用污水的重复计算量，年平均供水总量24.36亿立方米。据统计，2000年由于严重干旱，全市用水总量 22.63 亿立方米，仅相当于十年平均用水量的 75%，供需差距非常大。据天津城市总体规划，依据现实供水条件，并考虑外调滦河供水和南水北调中线引江供水预测，水资源一次平衡分析结果，2014 年缺水 12.73 亿立方米。农业是天津市最大的用水部门，农业用水所占比例相对比较稳定，2006 年~2014 年间，农业用水占比基本在 50% 上下浮动。渠灌水利用率很低，农田用水量超过作物需水量的 1/3 甚至 1 倍以上。

水资源缺乏、河流的径流量小，降低了河水的稀释、自净能力，加剧了水污染对区域生态环境的影响和破坏。水质下降使缺水的矛盾更加突出。所以水"量"和水"质"要统一考虑。首先，城市要有清洁的水源和供水系统，对水资源要统一管理，统一制定开发、利用、保护的规划，对工业、农业、生活实行计划用水、定额管理，提倡一水多用，提高水的重复利用率，减少污水排放量。对各大城市的饮用水源划定保护区。其次，要有污水收集系统和雨水收集系统，实行清污分流，在河道的两侧建立污水截流工程，形成污水管网，以保护城市的地面水体和地下水体。最后，修建区域性的城市污水处理厂并提高水的回用率。回用水或称中水可用于浇灌花草、喷洒路面、刷洗汽车及清洗厕所等。同时，要有计划、有步骤地动员居民和附近企事业单位共同参与水资源的保护，分片包干改造和整治好城市河道、湖泊。

3. 防洪防汛问题

天津地处海河流域的下游，各河系洪水流入海河，海河流域的洪水都是由暴雨形成的。由于海河流域是典型的扇形水系，所以暴雨季节到来时，会导致上游地区水流量迅猛，时常由于宣泄不畅而发生洪涝灾害。夏季暴雨期间，在气候、径流、降水等诸多因素的影响下，严重影响了景观河道的水环境，所以造成了天津市景观河道流域的水环境在汛期和非汛期之间有较大差别。暴雨集中的月份，水中的悬浮物有侵蚀河床的作用，雨水的力量也会冲刷河岸，从而破坏水环境。如果所有的暴雨都是以这种高速度冲刷河岸和河道，那么城市地表径流中含有的重金属、有毒有机物、排泄物等有害物质会严重污染河流。又由于地下水补给水源的日趋缩减，到了旱季河流里没有存水，河流水面高度会大幅下降，从而加重了对水环境的污染。

4. 水污染

从水环境自身角度看，天津市内除了海河干流外，其余支流都有着不同程度的水污染问题，河堤坡度低缓且河道径流流量小，易导致河流底淤积淤泥，造成蓄水水量的减少，从而导致了河水水域容纳污染物和水体自净能力降低。由于天津市内河流长期处于非流动状态，水污染会更加严重。如改造后的津河，夏季来临后，水体会逐步发绿、发臭；又如，由于月牙河河道的一处闸门正在维修，需临时将闸底存积物排放到月牙河内，以致月牙河水受到了污染，河水变黑变臭。最后，在景观河道网箱内养鱼、人工捕鱼等现象随处可见，产生的垃圾渗出液也会对水体造成不同程度的污染。此外，天津规划的污水处理厂进展缓慢，且城市排水网的建设落后于污水处理工程的建设，进一步加重了天津市水资源的污染状况。

因此，一方面要建立节水型经济结构。基于资源——环境的约束条件和建设现代化国际大都市的目标，天津应朝着资源节约型城市发展，建立节水型经济结构。改造提高第二产业，推广现代节水工艺，提高工业用水的重复利用率，以低耗水的高新技术控制新建工业项目的排污量。实施节水农业战略，发展节水型农业灌溉工程。另一方面要建立健全水资源行政管理体系。实施水资源的科学管理，组织地表水、地下水、再生污水、海水等多元互补性开发，对输水、供水、配水、保水进行高效、有序的管理，以水资源的管理带动水资源利用效率的提高。此外，南水北调的中线工程及现有的引滦供水工程都将一定程度上解决天津市的供水问题。但解决中期、远期的供水问题还要依靠自力更生。需要在节水、污水和海水利用等方面努力。建设分质供水系统；以水价为经济杠杆，调控水资源供需平衡，减少污染和浪费；鼓励生活和公共用水实行一水多用；提高污水处理率和污水回用率；建设海水利用、雨水利用工程；提高湿地蓄水能力，减少汛期弃水。

二 城市绿地生态基础设施建设

城市绿地能够提高城市自然生态质量，有利于环境保护；提高城市生活质量，愉悦居民身心健康；增强城市景观的美学效果；增加城市经济和生态效益；有利于城市防灾，净化空气。可见，城市绿地是城市生态基础设施中不可或缺的重要组成部分。在城市绿地建设中，不仅要关注城市绿地的美化、观赏、休憩等功能，更要注重城市绿地的生态系统服务。城市绿地已成为衡量城市生态可持续的重要标准。城市绿地生态基础设施具有以下几个重要功能：净化功能、保护功能、优化格局功能、气候调节功能、文化游憩功能、美化功能、经济功能等。随着天津城市化进程的加快，城市规模在不断扩大。天津城市中大量的高楼大厦拔地而起，使得不断增大密度的建筑与城市绿化用地之间的竞争异常激烈。城市绿地面积的减少，必然使城市生态系统的自净功能受到快速城市化的强烈干扰。比如，以森林为主的自然生态系统不断被分割和蚕食，这不仅表现在城市景观的生境破碎化上，还表现在小尺度物种组成结构上，城市生态系统面临功能退化、生物多样性丧失的危险。

（一）城市绿地生态基础设施的内涵

城市绿地是指用以栽植树木花草和布置配套设施，基本上由绿色植物所覆盖，并具有一定的功能与用途的绿化场地。城市绿地建设不仅能够提高城市的自然生态质量，促进城市的环境保护，还能提高城市的生活质量，增强城市景观的美学效果，增加城市经济、社会和生态效益，减少城市灾害的发生，进一步净化空气。这里的城市绿地生态基础设施主要包括城市中以绿化为主的各级公园、庭院、小游园、街头绿地、道路绿化、居住区绿地、专用绿地、交通绿地、风景区绿地、生产防护绿地等。最为常见的公园、游园和风景名胜绿地主要是供居民游憩、休闲，提供健康、舒适的休闲环境，是早期城市绿地生态系统建设的初衷。

城市绿地是城市生态基础设施中不可或缺的重要组成部分，具有改善城市空气质量、调节小气候、美化城市景观等多种生态功能。

随着城市化进程的加速和城市环境问题的严重化，人们也越来越认识到城市绿地生态服务功能的重要性。在国内外城市规划和城市生态研究中，城市绿地相关概念是城市绿地、城市绿色空间、城市开敞空间和城市绿地系统。在城市绿地系统概念及分类方面，虽然不同行业和学科有不同的认识，但随着人们对城市绿地生态服务功能认识的不断深化，城市绿地的概念也在与时俱进地发展和变化。目前，人们对城市绿地的概念和内涵有了更全面的认识，即城市绿地系统不同于传统的园林绿地概念，它是包括城市园林、城市森林、都市农业和滨水绿地以及立体空间绿化在内的绿色网络系统。一般来说，绿地系统在城市中几乎无处不在，如道路旁、住宅小区、广场及公园等，城市绿地本身具有很好的吸纳雨水能力，如果一个城市内绿地覆盖率降低，道路逐渐硬化，降水只能通过排水系统排走，使土壤本身失去蓄水能力。但是在我国绿地的打造更多是为了改善空气、土壤环境，提升景观品质，并非为了吸纳雨水，而且很多绿地每天需要养护浇水，消耗了大量的水资源。下凹式绿地与普通绿地的不同点就是其高度要低于道路，下雨时这些绿地有更大的空间积蓄雨水。

因此，城市绿地生态基础设施体系是城市绿色空间中以植被为主体，以土壤为基质，以自然和人为因素干扰为特征，在生物和非生物因子协同作用下所形成的绿地网络整体。这些带状绿色林网与道路、水渠、河流相结合，具有很好的水土保持、防风固沙，调节农业气候等生态功能，同时，可为当地居民提供薪炭和用材。城市绿地生态基础设施体系建设强调，在总体布局、设计、林相结构、树种选择等方面都紧密联系城市、文化艺术、市民休闲、医疗健康、保健等方面，同时在城市规划和建设过程中要优先考虑和规划。比如，一些沿河林带和沿路林带，在城市扩展过程中不能因为河岸整治或道路拓宽被伐去，应该保留并维护原有防护林网的完整性。

（二）城市绿地生态基础设施的生态功能

城市绿地生态基础设施的生态服务功能是指，绿地系统为维持城市人类活动和居民身心健康所提供的物质产品和精神形态以及对资源环境和生态公益的提升能力。比如，维持碳氧平衡、杀菌抑菌、合成有机物质、保持生物多样性、涵养水源、调节气候、防止水土流失、保护土壤与维持土壤肥力、净化环境、贮存动植物所需的营养元素、促进良性循环、维持大气化学的平衡与稳定等，这些功能都是城市绿地的生态服务功能。概括来说，城市绿地生态基础设施具有以下几个重要功能，即净化功能、保护功能、优化格局功能、气候调节功能、文化游憩功能、美化功能、经济功能、保护和安全功能等。

1. 净化环境功能

城市绿地生态基础设施在净化空气方面，主要是通过光合作用吸收 CO_2 而生产 O_2。据有关资料统计：每公顷公园绿地每天能吸收 900 公斤 CO_2，生产 600 公斤 O_2，每公顷阔叶林在生长季节每天可吸收 1000 公斤 CO_2，生产 750 公斤 O_2 供 1000 人呼吸所需。以城市人工草坪为例（如图 2 所示），生长良好的草坪，每公顷每小时可吸收 15 公斤 CO_2，而每人每小时呼出的 CO_2 约为 38 克，以此计算，每公顷草坪可净化 394 人呼出的 CO_2，换种说法就是，25 平方米的良好草坪就可以把一个人呼出的 CO_2 全部吸收。可见，一般城市如果每人平均有 10 平方米树林或 25 平方米草坪，就能自动保持 CO_2 和 O_2 之间的平衡。与此同时，城市绿地生态基础设施还具有固碳释氧、杀死细菌、阻滞尘土、降低噪声等生态功能。据统计，每烧煤一吨，就产生 11 公斤煤粉、TSP（总悬浮微粒）、微粒污染。而附近公园里只有 0.22 克/平方米，就会使粉尘降低 6 倍，绿地中的含尘量比街道少 1/3 ~ 2/3。

图 2　城市绿地生态基础设施示意

2. 改善城市小气候

在改善气候方面，城市绿地能够降温、调节湿度，以及截留雨水。据北京、南京及深圳地区的测定，绿地气温较非绿地低 3～5℃，而较建筑物地区甚至可低 10℃ 左右。这是因为，茂盛的树冠能挡住 50%～90% 的太阳辐射热。一般来说，植物的降温主要通过三种途径来实现：一是叶片阻碍、反射和吸收太阳辐射；二是蒸腾消耗热量，大约可以消耗掉66%～90%的热量，三是栽种植物土面吸收雨水后蒸发降温。由此可见，城市绿地面积越大，降温效果越显著；城市绿地生态基础设施的连通性、完整性越强，在改善气候方面的作用就越大。

3. 通风防风和滞雪作用

城市绿地生态基础设施在防风方面的生态功能主要有三种情况，第一是紧密型，其在背风面有良好的防风效果，但风速恢复快，防风有效距离不大。第二是通风型，其在背风面防风效果不佳，但降低风速的有效距离则较长。第三是疏透型，其在背风面的防风效果居中，一般认为有 40% 通风时较好，防风林带与风向垂直时防风效果最好。

4. 保护和安全防护功能

城市绿地生态基础设施在野生生物保护、景观与生物多样性保护、营造生物栖息地方面具有作用；有助于在城市环境中真正融入自然因素、为城市居民提供接触自然的场所。在安全防护方面，城市绿地的功能体现在防震防火、防御放射性污染、蓄水保土等方面。同时，城市绿地生态基础设施在优化城市景观生态结构、恢复自然、整合城市生态功能、构建城市生态安全格局中具有核心作用。

5. 其他功能

城市绿地还有很多其他功能，譬如日常休憩娱乐活动场所功能，文化宣传功能，科普功能，为旅游服务功能，休疗养基地功能，丰富城市建筑群体轮廓线功能，美化市容功能，衬托建筑、增加艺术效果功能等。同时，还能延伸出许多经济功能。比如，城市绿地生态基础设施中的各种植物除了自身具有审美价值外，还可以与城市中的其他景观设施组合成多种多样的审美元素，与城市各种建筑物、构筑物的结合，使人文美与自然美相得益彰，尽显城市独具韵味的美感。这种优美的环境有助于增强城市的文化底蕴,加大招商引资的力度,吸引各类高技能人才等,还有助于开发旅游度假项目等等。

(三) 天津市绿地生态基础设施建设状况

随着天津城市化进程的加快,城市规模在不断扩大。城市中建设用地与建筑密度的不断增大使得城市在绿地和建筑物的用地上存在竞争。城市建设用地面积的增加,必然会导致城市绿地面积大为减少。据统计,目前城市化每年大约以 7% 的速度增长,城市数量的增加和城市的外延式发展造成了大量的土地资源,尤其是耕地资源被征用,导致林地、农地、湿地、绿地面积减少,农产品减产。天津在市区建设用地面积不断扩大、人口不断增长的情况下,继续加强市域内的绿地建设。据统计,2014 年天津市建成区园林绿化面积 25307 万平方米,新植树木 208.3 万株,绿化覆盖率达到 34.9%,绿地率达 31.8%,人均公共绿地面积 9.7 平方米。其中,农村造林 20.8 万亩,林木覆盖率达到 23.7%。目前天津市绿地生态基础设施存在的问题主要如下。

第一,城市绿地系统建设与城市其他建设相比滞后。在城市交通设施、建筑设施快速增加的同时,绿地系统并没有以同样的速度和相应的比重在增加,说明对绿地系统建设规划的重视程度不高。尽管近年来天津在城市绿地系统建设方面人、财、物的投入不断加大,但仍然落后于城市在交通设施和建筑设施上的投入。

第二,绿色廊道建设保护力度不够。天津市区内一些重要的绿色景观及景观联系通道没有得到很好的维护和利用,甚至由于城市建设而遭到破坏。如已成系统的交通干道两侧树木由于扩路修桥被砍伐,新建道路绿化达标率低,功能单一,致使本来就连续性不高的城市绿色景观遭到进一步破坏。

第三,城区内外景观在生态过程与格局上缺乏连续性。天津市区所建的公园、绿化广场、滨水地带、广场被建筑物包围,各绿色斑块之间缺乏联系,天津市区基本上没有绿色的生态廊道与外界相连。

针对上面的问题,天津绿地生态基础设施建设应该着重从以下几个方面做好建设和规划:

一是，天津市的生态绿色空间构建首先要提高城市的绿化率，注重城市绿地的完整性和连通性，避免形成生态孤岛，并采取多样性的复层绿化模式。植物种类要多样化，乔灌草相结合，常绿落叶相结合。

二是，在系统科学的评价现有生态（绿色）廊道建设情况的基础上，建设完善和保护以道路和河道为基础的生态（绿色）廊道，连接城市内的生态（绿色）斑块。道路生态廊道的绿化系统应当是一定宽度与不同形态的植被带，而不是单一单行的行道树，一方面有利于改善道路环境质量，另一方面可形成有效的生态廊道。河道廊道应将水线与水面不同生长型的植物相结合，创造多样的景观视觉走廊和高效的生态效应。

三是，天津中心区内以居住区绿地建设为基础，由内向外地发展生态（绿色）斑块，逐步增加开敞空间和提升公共绿地的覆盖率。绿地建设要注意选择适应天津干燥风沙大气候特征的植物，以高大乔木作骨干树种构成绿化骨架的基调，以节水型的灌木和耐旱花草为主。

四是，天津市区外围构建一定宽度和立体化的绿色隔离带，如楔形绿地和生态林地，并且与市域范围内的绿色斑块通过绿色廊道相连通，完善城市的生态调节系统。

五是，滨海新区结合区域内的土壤地理环境，选择合理的绿色空间构建方式，如滨海湿地公园等，进行多元化的绿色空间构建。针对新区的特殊的生态环境改善任务，规划建设生态防护林和工业卫生防护隔离林带。

六是，结合居住区和生产区的分布情况，适当增加游园景点的建设，增强园区间的连通性，均衡、协调园区的距离和密度，并且提高公众的使用率，逐步增加无障碍和免费的游园景点并提升其质量。

三　城市湿地生态基础设施建设

城市湿地既是城市水环境的重要组成部分，也是城市重要的生态基础设施，还是城市可持续发展依赖的重要自然系统，可以分为自然湿地和人工湿地两类。由于天津具有独特的湿地的优势，所以将城市湿地生态基础设施单独列出来进行阐述。城市湿地生态基础设施具有丰富的资源，还具有调节水温和水的径流，防止或减缓洪、涝、渍、旱，调节水量在时间、空间上的不均匀分布；改善环境，提供水源；促进水体自净与净化能力；维护生物多样性；调节气候；美化景观和净化环境；以及为居民提供教育、美学、艺术、陶冶情操、游憩及休闲娱乐的场所。随着天津城市化水平的不断提高，人口的急剧增加和聚集，工业化及经济发展，城市规模不断增大，这些都对城市湿地及水生态环境产生了巨大的影响，导致湿地的萎缩以及功能的丧失。城市化带来的植被减少、不透水面积增加、温室气体的排放、水域面积减少、污水的任意排放和水资源的不合理利用等导致自然水循环生态系统遭到破坏，水资源呈现总量上的缺乏与质量上的退化甚至恶化，水环境承载能力超过其自身的极限，水环境结构被破坏，水的时空分布、水分循环及水的理化性质发生改变，水生态服务功能丧失。

（一）城市湿地生态基础设施的内涵

湿地是一种特殊的土地资源和生态环境，是介于水体和陆地之间的一种高效生态系统，具有多种生态功能、生态效益和经济价值。城市湿地具有很好的接纳雨水的能力，在中国古代城市的排水设计中，城市的雨洪系统通常由无数池塘、河道和湿地构成。而现在，一些水系比较发达的城市如扬州、苏州依然采用这种方法，来预防和治理涝灾的影响。因此，在城市建设和规划中，我们应该最大限度地保留城市中的河流、湖泊、池塘、湿地和沟渠等自然资源，对已经受到破坏的城市水体、湿地等，运用各种技术手段，尽可能使其水文循环特征和生态功能逐步得以恢复。

城市湿地是城市重要的生态基础设施，是城市可持续发展依赖的重要自然系统，可以分为自然湿地和人工湿地两类，它具有众多的生态及社会服务功能。从有关城市湿地的专业角度看，城市湿地生态基础设施的建设可以采用表流湿地和潜流湿地结合的方式。其中，城市表流湿地是比较常见的由较浅的水体与湿地植物结合形成的有机整体。这种城市表流湿地的生态功能，主要体现在给人更多城市景观上的视觉享受，同时也可以净化污水，但由于这种湿地水体较浅，所以利用植物根系净化的效率比较低，因此，城市表流湿地的建设一般会选择在地势较高的地方，其主要作用是承接雨水和营造城市景观。相对而言，城市潜流湿地则在净化污染水体工作中的应用比较广泛。城市潜流湿地的生态原理就是，充分利用植物根系以及附着在根系上的微生物的吸收作用。这种城市潜流湿地具有较高的污水处理效率，同时无表面水，一般也不会产生异味或滋生蚊蝇。可见，城市潜流湿地的实用性较强，多用于汇集净化雨水。

在城市湿地生态基础设施的建设过程中，可以引入雨水花园的建设理念。雨水花园是一种在地势较低的区域种有各种植物的工程设施，可以吸收净化大量雨水。城市雨水花园纵向上由蓄水层、覆盖层、种植土层、砂层以及砾石层组成。种植土层栽植植物，植物的根系能够起到过滤与吸附作用、砾石层中埋有穿孔管，经过渗滤净化的雨水由穿孔管收集进入其他排水系统。多余的雨水则直接渗入地下。城市雨水花园的维护需要定期清理花园内部植物产生的掉落物，同时定期检查覆盖层，保证其良好的渗透力。

（二）城市湿地生态基础设施的生态功能

湿地是城市生态基础设施的重要组成部分，不但具有丰富的资源，还具有重要的生态系统服务，如为工农业生态和饮水等生活用水提供水源；接纳排水，并通过水体自净与净化，促进营养盐和有机质的流动和循环；供养生物、活化生境、繁衍水生动植物，保障生物质的生产，维护生物多样性；调节气候，特别是小气候；沟通航运，水力发电；缓冲干扰，吸尘、减噪，防止或减少热岛效应；美化景观和净化环境；以及为居民提供教育、美育、艺术熏陶、陶冶情操、游憩及休闲娱乐场所；保障水及其中的一些物质的迁移、转化和循环，维持水生态系统的健康发展。比如，七里海湿地（如图3所示）是天津最大的天然湿地，亦是天津最大的后花园，其生物物种丰富，空气清新，负氧离子含量比大城市中心区高出几十倍到百倍，被誉为京津地区的"天然氧吧"和"绿色肺叶"，成为天津地区温度、湿度和空气质量的调节器，其幽静、秀美、绚丽的自然风光在天津城市生态基础设施建设中，对净化京津地区空气质量、调节区域小气候、防洪滞洪、保护物种多样性、生态旅游等起到了积极促进作用。

1. 调节径流，控制洪水

城市湿地生态基础设施能将过量的水分储存起来并缓慢地释放，从而将水分在时间和空间上进行再分配。过量的水分，如洪水，被贮存在土壤

图 3　天津七里海湿地示意

（泥潭地）中或以地表水的形式（湖泊、沼泽等）保存着，从而减少下游的洪水量。因此，城市湿地生态基础设施对河川径流起到重要的调节作用，可以削减洪峰，疏解洪水。

2. 供水功能

城市湿地生态基础设施常常被作为居民用水、工业用水和农业用水的水源。如河流、水库、溪流、湖泊等大部分都可直接被利用，而泥潭沼泽地常成为浅水水井的水源。由于城市湿地所处之地高度不同，一块湿地有可能成为另一块湿地的供给水源地。

3. 滞留与降解污染物，净化水质

当水体进入城市湿地时，会因为受到水生植物的阻挡作用而水流缓慢，从而有利于大部分沉积物的沉积。在此过程中，由于许多污染物质吸附在沉积物的表面，随同沉积物而积累起来，所以城市湿地生态基础设施通过沉积物的作用，将附着于沉积物上的污染物进行储存和转化，达到净化水质的作用。

4. 保护生物多样性

城市湿地景观因其高度异质性而为众多野生动植物栖息、繁衍提供了基地，因而在保护生物多样性方面具有重要的价值。独特的城市湿地生境在物种基因库保护方面也具有巨大的经济价值。

5. 调节气候，改善土壤质量

城市湿地生态基础设施具有调节气候的功能，包括通过城市湿地及湿地植物的水分循环和大气组成的改变调节局部地区的温度、湿度和降水状况，调节区域内的风、温度、湿度等气候要素，从而减轻干旱、风沙、冻灾、土壤沙化过程，防止土壤养分流失，改善土壤状况。

6. 生态旅游功能

城市湿地生态基础设施使得都市远离喧嚣，融入自然成为人们休闲的时尚。城市湿地以其形态、声韵的优美给人以精神享受，增强生活情趣。城市湿地公园是未来湿地生态旅游的主要载体。

7. 影响区域生态安全

城市湿地生态系统的健康状态与陆地生态系统、水域生态系统的健康状态密切相关。由于城市湿地处于这个过渡位置，它们对自身水分贮存和运动的正常模式的变化程度尤其敏感。当城市湿地的水文条件改变时，会引起生物区系在物种丰富度或区域湿地面积超过一定阈限时，或城市湿地景观格局发生明显变化时，会对该流域或区域的物质循环、能量流动带来明显影响，进而影响区域或流域的生态安全。

（三）天津湿地生态基础设施建设现状

城市化水平的不断提高，带来了人口的急剧增加和聚集、工业化及经济发展、城市规模不断增大，这些都对城市湿地及水生态环境产生了巨大的影响，导致湿地的萎缩以及功能的丧失。天津河流水系结构复杂，湿地资源较多。天津目前有七大湿地，包括大黄堡湿地、北大港湿地、官港湿地、七里海湿地、团泊水库湿地、贵达卧牛湖以及古海岸湿地保护区等（如图5所示），这些湿地在市内及各区县均匀分布。另外，有水上公园、东丽湖、白庄子湿地、北运河郊野公园等人工或天然湿地分布在市内各大区，天津各种沼泽、盐碱滩、人工及天然湿地总面积约3584平方千米，占全市总面积的30.06%。因此，天津可以通过划定水生态敏感区、提升改造湿地来承接消纳更多的雨水，充分利用城市自然水体设计湿塘、雨水湿地等具有雨水调蓄与净化功能的低影响开发设施。可见，合理规划城市湿地生态系统，恢复城市湿地，有机地将湿地水景、湿地动植物景观、湿

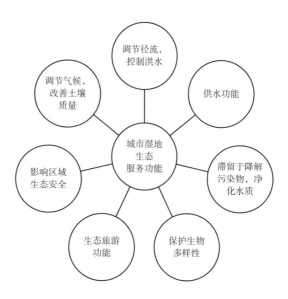

图4　城市湿地生态基础设施的生态功能示意

图5　天津市湿地分布现状

地小气候、湿地文化等与城市功能融为一体将会大大改善城市环境，提高城市环境容量与生态安全水平，充分发挥湿地作为城市基础生态设施的重要生态服务功能。比如，在湿地改造过程中可以与低影响开发技术结合，工程中建立大量的渗透塘、蓄水池、下沉式绿地、生物性滞留设施以及雨水花园。还可以在湿地公园内部通过挖方填方工程，形成大量的洼地和土丘，洼地可以种植湿地植物、养鱼，用作蓄水池，土丘上可以种植乔木灌木，同样可以保持水土，形成湿地生态系统内部的城市生态基础设施体系。

目前，天津市湿地资源利用中存在的问题，主要表现在以下几个方面。

第一，湿地退化，面积减少。由于自然的、人为的、城市拓展、经济开发、水质污染等原因，天津湿地面积比 20 世纪 50 年代减少了一半，其中市区湿地面积下降 80%。同时，大部分湿地蓄水能力退化，有的甚至已经干涸。

第二，湿地污染日趋严重。由于城乡废污水大量排放、工业废弃物排放，天津市有 18 条河流遭受较严重的污染，水质呈现富营养化状态。其中，有 14 条河流氯化物超标。

第三，湿地生物多样性指数呈下降趋势。与 20 世纪 60 年代相比，天津市芦苇产量下降 50% 左右，淡水鱼类减少 30 种，鸟类减少 20 种，一些珍禽如鹈鹕、鸳鸯、白尾海雕等罕见或未见，自然银鱼、河蟹、中华绒蟹绝迹。甚至，有的库区干涸数年，在提供生态用水的情况下生物恢复也需要 3~5 年时间。

因此，天津市湿地生态基础设施的保护与恢复应从以下几个方面着手。

一是建立健全天津湿地保护管理机构，并制定湿地保护的政策、法规。由于天津湿地资源保护和利用涉及林业、水利、水产、环保、经贸、海洋、计划等多个部门和行业，关系到多方面的权益，因此，需要加强管理方面的协调与合作，市区（县）在湿地主管部门为主的情况下，建立、健全有效、精干的管理结构，开展有序、有效的湿地保护与管理工作。

二是建立天津湿地资源评估监测体系，实施湿地生态区划。统一湿地资源调查规程，标准化调查与评估技术方法，制定监测指标体系，规范监测方法，建立湿地生态资源信息数据库，建设湿地生态系统监测站点。研究湿地分类，自然湿地与人工湿地生态系统结构与功能，科学划定各类湿地修复与重建的边界，明确生态功能定位，制定发展策略。

三是保证城市生态用水。把天津湿地生态用水纳入计划，在储存天然降水的基础上，增加天津湿地生态用水。同时，加强水利设施和疏浚、浇灌工程生态化建设，把握好雨季的有利时机，设法将地表径流引入天津各大湿地，以增强城市湿地的生态用水功能。

四是严防湿地污染，保障湿地水源质量。对排污的途径、种类、范围、数量进行限制；创造芦苇、香蒲等植被的生存条件，发挥其良好的解毒减污作用；建设市、区、县及重点乡镇的污水处理厂，对排入天津湿地的污水进行质量和容量处理及管理。

五是建设滨海湿地植物园，开展自然生态旅游与湿地生态研究。湿地是天津滨海地区自然生态环境特色之一，湿地特有植物和动物种类多样，建立湿地植物园，滨海湿生、盐生植物基因库和繁殖苗圃，以及开发湿地观鸟旅游，开展湿地动植物研究。在保障湿地不被破坏的前提下，将湿地生态旅游与自然生态保护工作结合起来，形成一种互惠互利的关系。

六是多层次多渠道筹措天津湿地保护资金，开展湿地资源生态恢复工作。城市湿地的保护和建设需要多方的共同努力，因此要多层次、多形式、多渠道筹建资金，将恢复与保护湿地的资金列入基本建设与财政计划资金内。同时，要加强与国际湿地组织的合作，同时进行天津湿地状况的综合调查评价与生态恢复技术研究工作，实施科学有效可行的保护利用湿地措施。

四　城市生态交通基础设施建设

随着人们生态意识的觉醒，亟须发展一种可持续化的交通模式使得基础设施在满足日常通行需求的基础上做到人与自然的和谐共生。在此基础上，生态交通基础设施的概念被提出了。生态交通基础设施建设是以适度超前社会经济发展的需求为导向，以支持市域经济发展、支持城市空间拓展、提高城市人居环境舒适度和深化交通环境的生态内涵为目标，以人与环境和谐发展为原则，构建高效率、人性化、一体化和生态化的交通体系。随着天津城市化进程的加快，天津大部分的自行车道和人行步道被切断、占用甚至改造成车行道，绿色出行的安全性和可行性极低。城市没有完善的慢巧系统体系。从概念上说，如果不谈绿化，城市交通设施并不属于城市绿色空间，但如果完善这部分的建设，人们对于汽车的依赖可在一定程度上减少，为绿色出行提供机会，车辆污染排放自然会有一定程度的缓解，减少城市空气污染，提高居民体质水平，这些随之而产生的生态效益是不言而喻的。就"保存和改善自然的生态价值和功能"这一点而言，城市生态交通基础设施虽然并不是城市绿色空间，却具有改善环境和促进居民生活健康的远期价值。

（一）城市生态交通基础设施的内涵

城市交通基础设施包含了机动车道、步行道、铁路、隧道、港站及其附属设施和相应的支持系统。交通基础设施正在以构架的形式搭建起如今的城市形态。城市公路是公共空间里能量运送的路线和枢纽，公路在区域和城市范围内所交织而成的网络也在以庞大的规模四处延伸。因此在某种意义上说，城市交通基础设施既是城市赖以生存的工程结构要素，也是一种大地艺术作品，在城市建筑和景观之间占有显著的位置。

一直以来，城市交通基础设施的设计往往由国家相关交通部门和市政部门负责，因此，和城市公共空间如广场、公园相比，极少有规划师和设计师参与到这个领域中，导致了交通基础设施在审美和生态功能方面的缺失。随着后工业时代的来临，功能单一的传统交通基础设施在应对现代生活需求时开始显得捉襟见肘。如今，城市公路多由混凝土和沥青铺成，规划时对雨水管理的考虑欠佳，导致城市道路丝毫没有涵养雨水的能力，反而大大加重了城市排水的压力。此外，随着经济的增长和城市化的普及，城市道路的建设取得巨大成就，但城市的交通状况仍然不容乐观：虽然在交通基础设施上的投入成倍增长，但城市道路建设的速度仍然赶不上机动车增长的速度。究其深层次原因，一是由于人口增长和经济发展带动了小汽车在家庭中的普及；二是城市缺乏完善的、友好的步行体系和舒适的步行行空间以致人们不得不为了安全和健康考虑，选择开车出行。

从 20 世纪 80 年代起，西欧、日本、新加坡等地区和国家吸取小汽车过量而导致城市交通拥挤的教训，转向优先发展公交的政策。使用公共交通，不仅高效节能，而且减少城市用地，减少空气污染。目前，我国城市交通已成为制约城市经济发展的瓶颈。传统城市交通基础设施体系面临着两大问题：一方面，工业模式下产生的单一功能的交通基础设施对生态环境的污染日益加重，空气、水体、噪音等污染严重影响了人们的生活；另一方面，经济利益的驱使导致了一定程度上城市空间资源的浪费，加重了交通基础设施的压力。随着人们生态意识的觉醒，生态交通基础设施的概念出现了。

城市生态交通基础设施建设是以适度超出社会经济发展的需求为导向，以支持市域经济发展、支持城市空间拓展、提高城市人居环境舒适度和深化交通环境的生态内涵为目标，以人与环境和谐发展为原则，构建高效率、人性化、一体化和生态化的交通体系。从交通方式来看，生态交通体系包括步行交通、自行车交通、常规公共交通和轨道交通。从交通工具上看，生态交通工具包括各种低污染车辆，如新能源汽车、天然气汽车、电动汽车、氢气动力车、太阳能汽车等。绿色交通还包括各种电气化交通工具，如无轨电车、有轨电车、轻轨、地铁等。可见，生态交通是城市生态基础设施的重要组成部分。

城市生态交通基础设施体系是一个全新的理念，它与解决环境污染问题的可持续性发展概念一脉相承。它强调的是城市交通的生态性，即减轻交通拥挤，减少环境污染，促进社会公平，合理利用资源。其本质是建立维持城市可持续发展的交通体系，以满足人们的交通需求，以最少的社会成本实现最大的交通效率。城市生态交通基础设施理念应该成为现代城市轨道交通网络规划的指导思想，将城市生态交通理念注入城市轨道交通网络规划优化决策之中，使土地使用和轨道交通系统两者协调发展。这种理念是三个方面的完整统一结合，即通达、有序，安全、舒适，低能耗、低污染。

（二）城市生态交通基础设施的生态功能

城市生态交通基础设施的生态功能表现如下。

第一，满足环境承载力的要求。城市生态交通基础设施的正常运转需要来自自然环境系统的有效供给。城市交通发展伴随着土地占用、能源消耗和环境污染等负面影响，给其生存基础环境带来潜在威胁。而自然环境具有自身的承载力，该承载力是城市社会经济系统发展的限值，同时也决定了城市交通系统发展的极限。一旦超过了这个极限，不仅对交通发展不利，而且严重威胁当地的社会经济。因此，以环境承载力为基础的城市生态交通基础设施具有生态功能。

第二，充分考虑人的需要。城市生态交通的核心是为人民服务，充分考虑人的舒适性、安全性和便捷性。不仅要顾及驾车者和乘坐者的感受，还要考虑骑车者、步行者及其他人的舒适性、安全性和便捷性，同时还应该将路网周围地区居民受到交通废气、噪声、振动等污染的危害程度纳入考虑的范围。

第三，实现交通效率的最大化。城市生态交通的核心是高效，即要在保证满足交通需要的同时，最大限度地降低环境的负载程度，减少土地的占用、能源资源和矿产资源的消耗，追求城市生态交通总体效率的最大化。

第四，充分尊重社会公平。城市生态交通应该充分考虑其服务功能的社会公平性，即从都拥有平等的享受高质量出行服务的权利，同时也拥有平等参与城市生态交通系统规划、建设与运营等方案设计的决策权和实施的监督权。此外还要充分考虑交通与环境的公平性。

以生态高速公路为例，平原高架，山谷架桥，穿山建隧的生态设计方案，大大减少了高速公路占地多和分割空间的弊病；在山丘地带削峰平坡建设路基的工程中增加梯田用以植树栽草或种植其他经济作物；将现代工业发展遗留的大量废渣、废矿石用作路基填料，挽救被占耕地。达到改田换土、再造耕地，改造荒漠、改良土地，提高资源利用效率；生态交通工程建设的公路，线型优美，弯曲半径充分安全，纵坡长度、坡度科学合理；车道数量富余，不同类型汽车分道行驶，次序井然；柔声路面舒适、平整；沿线桥隧净空和视距足够；标志标牌醒目、规范，监控设施和交通诱导系统先进、实用；夜间照明光度足够而又柔和、平顺；公路沿线四季常绿成荫、花开不断的绿化工程，不仅增加沿路空间艺术色彩、改善景观、创造宜人的优美环境，还可巩固路基、稳定边坡、防止水土流失；冠大荫浓可遮光散热，减轻路面软化与老化，减少翻浆，延长路面使用寿命，还能减轻尘土飞扬、挡风防尘，还可以吸收噪声、减弱眩光、调节光线。公路通过水源地和动植物保护区时，有专门提醒标志牌。在公路交通噪音敏感区，设置功能优异、造型美观的隔音墙。优质低噪音混凝土路面和吸尾气混凝土路面，强度高、抗疲劳性强，水溶性小，降低交通噪音，不污染空气和水源。公路主干线装备摄像系统和不停车称重系统，交通繁忙路段划辟特种车辆优先通行车道，都可大大减轻车辆行驶对环境的污染。

（三）天津生态交通基础设施建设现状

随着天津城市化进程的加快，天津大部分的自行车道和人行步道被切断、占用甚至改造成车行道，绿色出行的安全性和可行性极低。城市没有完善的慢巧系统，即使很多人想要弃车出行，却因道路条件不允许而不得不放弃。从概念上说，如果不谈绿化，城市交通设施并不属于城市绿色空间，但如果完善这部分的建设，人们对于汽车的依赖可在一定程度上减少，为绿色出行提供了机会，车辆污染排放自然会有一定程度的缓解，减少了城市空气污染，提高了居民健康水平，这些随之而产生的生态效益是不言而喻的。就"保存和改善自然的生态价值和功能"这一点而言，城市生态交通基础设施虽然并不是城市绿色空间，却具有改善环境和促进居民生活健康的远期价值。

1. 目前天津市生态交通基础设施建设存在的问题

（1）道路网覆盖率低，道路的空间尺度不够。截至 2014 年底，整个天津市铺装道路长度 7275 公里，铺装道路面积 13144 万平方米，人均道路面积 16.71 平方米。尽管人均道路面积已达到国家标准，但与北京、上海等一些交通更发达、更便捷的城市相比，还有一定的差距，因此，天津城市道路的总体供给水平还需要大幅度提高。

（2）路网布局不合理，城市道路网功能级配关系失衡。路网级配的不合理导致天津市道路网的交通功能紊乱。城市交通集中在几条贯通性主干道上，"三环十四射"的路网骨架在天津市城市交通中发挥重要作用，承载着巨大的交通流量，特别是中环线，据 2012 年交通调查，每天大约有 50% 的车流量需要通过中环线。道路网空间分布不均衡。近几年来，天津市房地产开发多集中于中环线以外，而天津市中心城区三个环线构成的区域内的道路网密度由里向外依次降低，2000 年中环和外环之间的路网密度仅为 2.4 公里/平方公里，仅为内环内道路网密度的四分之一。

（3）道路有效利用水平差。天津城市道路有效利用水平较低，道路资源浪费严重。摊群市场等各种非交通占路、路边停车现象严重，交通管理亟待加强。公交出行比例太低。根据 2000 年天津交通出行调查显示，公交系统仅仅承担了中心城区出行量的 8%。与建设部颁布的《绿色交通示范城市考核评分标准（试行）》要求比相距甚远。原因主要还是天津市没有形成完善的公共交通网。天津市公共交通网密度低，分布不均匀，线路长，加之车速低，候车时间长，公交线路互不衔接，公共交通服务体系很不完善。出租车拥有量高，车型差。目前天津市出租车总量过多。据 2014 年调查，天津市千人拥有量已经达到 18.96 辆。出租车多，带来了空载率高，对有限的道路空间造成较大影响。出租车型以夏利为主，一方面因其排放标准较低而使大气污染更加严重，另一方面还极大影响到城市市容景观。

2. 不同层面的生态交通建设状况

为了构建健康、安全、高效、舒适的生态交通体系，确保满足生态天津对外客货流通及区域内部物资、人员流动和产业发展的需要，强化交通系统"生态化"建设，使之能够友好地融入城市生态系统，避免和控制城市交通不合理发展所产生的各种环境问题。要从不同层面进行天津交通生态化建设。

（1）区域层面。根据《天津城市总体规划》，其对外交通的定位为区域国际交通枢纽和国家主要交通枢纽，规划建设以港口为中心，海陆空联港，各种交通方式紧密衔接、快速转换、通达腹地的网络，形成区域一体化的畅达的综合交通体系。

从生态性角度考虑，天津市对外交通生态化建设的切入点主要有"两点"——海港和空港、"两线"——铁路沿线和公路沿线。

以"构筑生态港口，建设绿色码头"为目标，将天津港建设成为环境优美的生态港口。促进临港无污染工业、商贸、旅游等产业的发展，带动航运服务、信息咨询等行业在港区落户，使天津港与开发区和保税区三者共同组成"华北跨国工业贸易物流中心"，达到"依靠港口，发扬港市文化"的目的。

绿色空港建设。加强与首都机场的联合，积极发挥为首都国际机场分流作用；扩建滨海国际机场，强化功能，增强与国际、国内各大城市间的客货运输能力。

美化铁路沿线。在城市铁路沿线两侧，离列车适当的距离植树，形成绿色条带，可以调节气候，减少列车过往所形成的噪音。

建设景观公路。在公路服务区的选址、公路构造物的建造、公路路域生态系统的绿化景观建设中，都对之进行景观设计，构造人文、自然的风景。

（2）市域层面。构筑与现代化特大城市发展目标相适应、协调高效、安全舒适、健康可靠、布局级配合理的市域生态交通体系。加强市域内部的交通联系，特别需要加强各郊区县与市区的联系纽带，建设市区与郊县的快速通道，形成以市区为核心并向郊县放射的干路网格局，从而以交通建设促进城乡一体化建设。

通道之一——公路

根据《天津城市总体规划》，将逐步增加由滨海新区通往宝坻和蓟县的蓟塘公路，增加联系杨村、宝坻城区、蓟州区的干线公路。并兴建津宁、津港等高速公路，有效缩短近郊区、远郊区与市区间交通的时间和距离。

通道之二——轨道交通

逐步由市区向蓟州区、静海区、宁河区各建一到两条轻轨线路，减轻干线公路的压力。同时，大力发展地铁交通，充分利用现已开通的地铁交通，尽快开通6~10号线，在缓解公路交通压力的基础上，进一步增强道路交通网络的完整性和连通性，进一步缩短城区之间交通的距离和时间。

（3）市区交通环境建设。建设一个符合天津市交通发展需要的、可持续的、人性化的市区综合交通体系。建设重点包括道路系统生态化和出行方式的生态化。

第一，道路系统生态化建设。天津市在未来的道路供给上，城区六个区的道路规模不可能再有大的增加，该地区的设施供给应通过交通管理手段和交通工程措施挖掘道路容量的潜力，道路建设的重点应该放在外围区，并以建设快速路和支路为主。

根据天津市多中心的城市空间结构特点，市内13个区，任意两个区之间至少要有一条快速通道，形成以各区中心为节点、快速路为连接线的覆盖整个市区的网络状格局。

各行政区内主次干道和支路网自成系统。各区内道路建设具体指标可根据建设部颁布的《绿色交通示范城市考核评分标准（试行）》的要求，建成区内道路建设控制指标为：道路网密度大于8.5公里/平方公里，主次干道密度大于4公里/平方公里，人均道路面积大于10平方米；建成区内支路密度大，连通性好。

第二，道路环境建设。道路环境应该注重以人为本，以满足人的需要为目的。完善生态的配套设施，包括绿化、道路标志、路面、安全设施、停车场。其中绿化建设标准如下：所有快速路必须设置绿化隔离带；主次干道争取有沿线绿化；车站集散广场集中成片，绿地不应小于广场总面积的8%。

人性化的道路管理，积极应用智能交通系统，尽快实现道路管理的人性化、科学化、生态化。加大道路管理力度，加大对交通瓶颈的疏导力度；规范路边停车；加强对单行道的管理；对城市主次干道的车速进行监测，使之不小于30公里/小时；等等。

第三，出行方式的生态化建设。引导自行车，限制出租车，优先发展公共交通。构成以快速轨道交通为骨干，地面常规公共交通为主体，个体交通（小汽车、出租车、自行车、步行）为辅助的客运交通体系。①至2020年沿城市主要客运交通走廊敷设轨道线路，在中心城区内建立具有一定运营规模的轨道交通主干线系统。②实行一系列措施引导居民使用地面常规公交，如提高公交线网密度、建立公交优先系统、提高公交服务质量、引入智能化管理，以及价格引导等措施，充分考虑人的舒适性、安全性和便捷性。③整顿出租车市场。跟上经济水平的发展,更换车型,提高城市整体形象;控制出租车拥有量,建议每万人出租车拥有量控制在35辆左右;升级出租车配套设备,如计价器、GPS出租系统等;加强管理出租车秩序。④适度和合理地使用小汽车。鼓励小排量汽车的发展,放宽"拥有",管好"使用"。⑤加强自行车管理。通过压缩自行车道宽度、设置自行车禁行路、路口设置自行车左转等待区等措施,控制自行车保有量,并进行出行管理。⑥建设核心区步行系统。建立起以道路两侧人行道为基础,以滨江道、金街步行街为骨架,以人行过街天桥(地道)为连接点,以海河两岸景观游憩走廊为纽带连接各主要功能区的核心区步行系统。

第五章 城市生态基础设施指标体系

城市生态基础设施建设的指标评价是对城市生态基础设施现状与城市和人类的可持续发展需要之间价值关系的反映。其目的是服务于生态基础设施系统，包括：为制订理想状态的城市生态基础设施技术标准提供依据，为衡量城市生态基础设施系统的现状水平提供准绳，为分析现状水平与理想状态的差距、判断城市生态基础设施系统发展到何种阶段提供标尺，运用得出的数据为未来的城市生态基础设施系统建设或生态基础设施规划做出指导。研究城市生态基础设施建设存在一定的前提条件，其中影响因素、支撑体系和衡量指标是进行城市生态基础设施建设研究时需要明确的关键问题。

一 城市生态基础设施建设基本要素

城市生态基础设施建设的评价不是单纯的反映和判断等认识活动，更是一种实践活动。进行城市生态基础设施建设的评价，不仅要关注它当前的状况，还要通过评价获知城市生态基础设施未来的可持续发展状况，使这种评价具有预测、规范和纠正的实际作用。因此，要分析城市生态基础设施建设目标系统、影响因素、支撑体系和衡量标准。

（一）城市生态基础设施建设的目标系统

城市生态基础设施建设的研究不仅要建立在生态基础设施自身健全的需求上，更要建立在协调人类活动与自然保护矛盾冲突的平衡点上。通过保障城市生态基础设施建设，进一步促进和完善城市生态基础设施体系建设，建立功能配套、畅通便捷、绿色安全、保障有力的生态基础设施体系，这既有利于吸引外来投资，提高城市整体经济收入，促进城市经济社会的持续增长，又有利于维护区域内生态平衡和提高城市竞争力，从而为生态城市和宜居型城市建设奠定坚实的基础。同时，通过保障城市生态基础设施建设、城市生态网络建设和生态城市建设，防止生态退化、生态重构对人类生存安全产生的威胁；防止环境质量恶劣状况、自然资源的减少和退化，削弱经济可持续发展的支撑能力；防止人类活动超出城市生态承载力而影响城市生态基础设施建设；防止生态环境问题导致生存空间和生活空间恶化，引发社会不稳定。从而为城市生态基础设施建设提供最佳的生态发展空间，保障城市生态基础设施建设系统本身的完整性、连续性和持续性，满足城市和居民所需求的最低生态服务功能，从而保证城市生态基础设施建设，为实现生态城市或宜居型城市的可持续发展奠定基础和提供理论支持。

（二）城市生态基础设施建设的影响因素

城市生态基础设施建设的影响因素主要有两个方面：一是自然灾害，二是人为因素。分析影响因素，有利于进行城市生态基础设施建设的评价。

1. 自然灾害

自然灾害是指由自然力的突变过程对城市生态基础设施建设带来影响和损失。这种自然灾害具有不可控性，包括洪水、飓风、海啸、地震、太阳黑子活动异常、干旱气候等。主要表现在以下几个方面：水土流失严重造成河道淤积，从而给城市供水带来威胁；土地沙漠化加剧而产生沙尘暴，影响城市大气环境；非农业建设用地大幅度增加使耕地资源在不断减少；城市蔓延迅速，而维护城市生态平衡的郊区大片耕地、河流、森林遭到破坏。需要特别指出的是，我国城市生态环境整体呈恶化趋势，基础设施损耗整体居高不下，尤其在城市化进程加快的现在，城市生态基础设施所面临的形势更为严峻。因此，应该从影响因素的视角研究城市生态基础设施建设过程中存在的问题，尽量降低资源和生态环境的基础损耗。

2. 人为灾害

人为灾害是指由人类的过度活动给城市基础设施建设带来污染和侵占，涉及多种活动形式，比如工业污染、生活污染与建设占地。城市盲目扩大，摊大饼式地蔓延，不仅造成耕地减少，而且原有的城市自然生态平衡被人类的过度开发打破，新的生态平衡又未能建立起来，尽管人工生态能弥补一些自然生态功能，但仍然不能完全代替自然生态功能，这造成人工环境中的生态空白，给城市基础设施带来了多种不安全的影响因素。

新技术对城市生态基础设施建设而言，是一把"双刃剑"，它在改善城市居民生存条件与生活质量的同时，也带来了工业污染、生活污染与建设占地等对生态的破坏效应。新技术的使用影响着社会生活的各个方面，引起社会生活各个领域的深刻变化。新技术的使用不仅带来了人类生活方式的现代化，还引发了人的观念和思维方式的更新。新技术的成果还对人类的传统观念带来巨大的冲击，对人类的未来观和传统的伦理观提出了新的挑战。与此同时，人们的思维方式的改变、视野的拓宽使人类更加重视创造性思维，富于创新精神。而高科技产业发展所代表的正是这种资源深度化加工的最新进程（如图 1 所示）。随着人们对可持续发展的认识，各种防污治污的高技术也在相应出现，这种高新技术的使用改善了城市生态环境，促进了城市生态基础设施建设。

决策失误也是导致城市生态破坏的最大因素。在城市生态基础设施建设过程中，首先要加强生态保护教育，正视城市中存在的生态问题，切实做到经济建设与生态保护协调发展；其次，要增强全民的环境意识，让市民认识到生态环境恶化的严重后果。生态破坏不仅会加深城市生态的贫困程度，还会影响城市经济社会发展的可持续性。面对生态破坏加剧，从城市生态基础设施建设角度出发，可对粗放型经济发展和掠夺式资源开发引起的生态破坏进行恢复和补偿；注意调控人的经济行为包括城市化活动，辅以基础设施生态化建设和人工生态工程措施，重点解决人为生态破坏。

城市化产生了一系列的负效应，比如人口密度增大、人类生态足迹赤

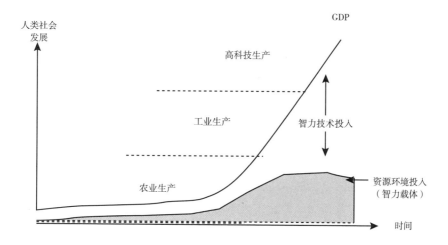

图1　人类社会发展的资源与环境投入演进状态

资料来源：http://www.igsnrr.ac.cn/files/zl20830.doc。

字变大；人类活动增加，城市车辆增加，CO_2排放量增加，废弃物总量增加，水资源更加紧缺，尤其是城镇密集区的一系列人类对自然的重大开发活动，如高速公路和高压走廊所形成的廊道本身就可能是一种危险的"景观结构"，它可以引导天敌进入本来是某些物种的安全庇护所，给某些残存物种带来灭顶之灾。城市化对生态基础设施产生的破坏，主要体现在以下几个方面。

一是自然植被及绿地面积减少、水土流失加剧。随着城市化进程的加快及城区面积的扩大，生态基础设施的建设用地相应减少。区域内有限的土地资源在快速城市化的进程中利用结构迅速发生变化，城市向四周蔓延，直接减少了森林系统、绿地系统、农田系统及水域系统等生态基础设施的面积，对城市及其周边生态环境带来不利影响，生物资源的多样性也逐渐减少。生态基础设施在城市化的进程中被严重破坏，并被蚕食掉，水土流失程度加深、面积增加。

二是"三废"排放量增加，环境污染加重。城市建设、工厂生产等人类从事的生产和生活活动都会排出"三废"，直接对生态基础设施造成破坏。所有这些导致的最直接后果就是整个都市区产生温室效应，继而形成"热岛"。水域生态系统可算城市化进程中受影响最大的一个系统。主

93

要表现在两方面：首先是水污染，其主要原因则是在城市化、工业化进程和人民生活质量提高的同时，大量的工业、生产、生活污水未经处理或是处理不善就直接排入城市水域系统。

三是城市化进程改变了城市下垫面及水域系统水岸形态。在市政工程建设和城市治理的过程中，河道的引排防洪、河岸稳定防侵蚀等表面治理措施，对河道作为水生态系统这一重要性认识不足。同时使水、土壤、生物之间的物质和能量交换机制被破坏，且护坡护底的硬质化，破坏了依附在河道的河床、河坡上的水生生物栖息的生存环境，直接导致水生生物的死亡和灭绝，严重地影响着城市水系统的生态安全。

（三）城市生态基础设施建设的支撑体系

城市生态基础设施建设的支撑因素主要包括：自然基础、经济支撑、文化环境和政策措施四个方面。

自然基础。任何城市的发展都以一定的自然条件为基础，城市的自然基础主要指"城市所占据的地表空间、岩石、地质与地形、水、生物、大气与气候等"①。自然系统（如城市绿地系统、林业系统、农业系统及自然保护地系统等）是城市生态基础设施建设的物质基础，包括自然本身状况（光、热、水、气候、土壤、生物等）的承载能力强弱，城乡物质代谢链的闭合与滞竭程度，及景观生态的时空量构序的整合性等，直接影响为城市及居民提供新鲜空气、食物、体育、休闲娱乐、安全庇护以及审美和教育等生态服务功能。

经济支撑。城市生态基础设施的建设和安全保障需要一定的经济基础作为支撑，经济达不到一定的水平，一般认识不到生态的重要性，很多经济落后地区经济不发达是因为不考虑生态保护问题。并且生态效益对整个生态系统或人类社会经济系统的影响往往在短时间内难见显著效应，当它与经济利益冲突时，人们往往把生态理念抛之脑后，忽视生态深远、持续的影响，结果导致在未来发展中只得用更大的代价进行补偿。并且，没有一定的经济支撑，生态治理和恢复所需要的费用也无法

---

① 董宪军：《生态城市论》，中国社会科学出版社，2002。

保障。

文化环境。人的一切行动都有文化依据和文化动因，影响城市生态安全的因素包括人为干扰因素，生态基础设施安全建设必须有一定的文化环境氛围作为支撑。虽然人类已经逐渐意识到生态破坏和环境污染的危害性、生态系统保护对整个人类的重要性，但生态安全意识还有待进一步强化和完善，渗透到人们日常生活和行为中，成为人们的自觉意识。

政策措施。城市生态基础设施一般由国家或各种公益部门建设经营和管理，所以需要政府部门的高度重视和大力投资，制定一系列法规政策和管理体制使生态基础设施规划与建设得以保障，并进行城市生态经营，对生态破坏采取生态恢复和生态补偿等措施，通过宣传教育提高市民生态意识等。

（四）　城市生态基础设施建设的衡量标准

城市生态基础设施建设衡量标准也是可持续发展的最低衡量标准，是城市生态系统维护在能够满足当前需要而又不削减子孙后代满足其需要的最低阈值。城市生态基础设施建设的衡量标准包括三个方面：一是生态需求标准，二是生态效率标准，三是生态安全标准。

1. 生态需求标准

城市生态基础设施提供的产品和服务，直接参与了复合生态系统各个组成部分的物质循环和能量交换，是复合生态系统生存和发展不可缺少的。城市生态基础设施作为复合生态系统功能的承载体，要求其容量及质量与系统人口、产业生产能力相匹配，为其提供水、电、热、空气、交通、运输等服务。一旦城市生态基础设施供给不能满足城市生态系统的需求，就会造成交通拥堵、能源供应紧张和环境污染等问题，引起社会效益和经济效益的下降。城市生态基础设施所具有的功能和作用应该能满足城市生态系统发展的需求。同时，城市生态基础设施能够作为城市生态系统的组成部分持续地存在下去，其本身必须具有各种必要的特性，使其具有充分的存在价值。城市生态基础设施的系统性、多样性、运转的协调性和具备一定的生命力都是城市生态基础设施生态需求标准的重要构成部分。

（1）系统性。系统性的含义有两方面，一是指城市生态基础设施是复合生态系统的一个相对独立的子系统；二是指城市生态基础设施内部各个部分的协调发展。健全的城市生态基础设施应该具备两个基本条件：一是构成要素的不可缺少及构成要素应有足够的质和量的保证；二是指系统各个要素之间，要有一种优化协调的关系，这种关系可以视为城市生态基础设施的生态关系的良性体现。

城市生态基础设施是一个相互影响的整体，其部分通过资源的输入和能量、信息的流动，彼此相生相克，协调融合成为一个整体，才能发挥城市生态基础设施的功能，任何一部分的缺失都会影响系统的功能。如缺少污水处理工程设施，会污染水资源，造成供水危机，从而危及整个城市基础设施系统。因此，对人居环境而言，城市生态基础设施的各个构成要素缺一不可。

（2）多样性。生态学认为多样性导致稳定性，生态系统的组成成分越多样、能量流动和物质循环的途径越复杂，其自我调节能力就越强。只有当上一层次物质有较多的选择时，才不会因为某一物质的偶然短缺影响下一层次的正常运营。从城市生态基础设施供给的角度来说，主要是要求多源供给和分区供给。多源供给是指资源和能源的供给源多样化；分区供给是指按照一定规模将供给分成多个点，分别供应系统中的某个分区。前者有利于城市生态基础设施供的安全，后者有利于城市生态基础设施供给的效率。

（3）生态成长。生态系统在进化过程中，由简单状态变为比较复杂的状态的过程具有生物自然生长的特征。城市生态基础设施所包含的生态化的人工设施，必然要满足社会、经济和环境发展的需求，这要求城市生态基础设施不断发展和完善，以满足多方面的需求。城市生态基础设施的数量和质量应当是能不断增长的。

城市生态基础设施的生态生长，最重要的是生态技术提高城市基础设施生态化的水平。能源供应系统应该增加太阳能、生物能、风能等清洁能源比例，并提高能源的利用效率；给水应该发展节水技术、加强循环利用，污水处理技术应该生态化。尤其是道路工程也应该注重对生态的影响。

（4）协调平衡。相互依存与相互制约是生态学的一般规律，它反映了生物之间的协调关系。这种关系存在于各个层次的生物之间，包含了同种、异种乃至不同群落或生态系统。城市生态基础设施在结构和功能上具有时间和空间上的异质性，从而引发城市生态基础设施的进化与动态平衡，进而促使各个组成部分通过物质流、能量流、信息流之间的有序流动，保持系统的稳定、健康和发展。所以，城市生态基础设施的协调，一方面要求城市生态基础设施内部各个组成部分的协调，另一方面也要求城市生态基础设施与宏观的生态系统的协调，并且城市基础设施建设发展不应该影响破坏其他物种的生存环境。

同样，协调平衡包括城市生态基础设施的内部平衡及生态系统平衡两个方面。系统内部，如排水及污水处理能力应该与给水能力相平衡。整个生态系统中，应该做到能源供应与生产生活需求相平衡，给水排水与城市规模相平衡，交通运输系统与物流、人流相平衡，环境卫生工程设施与污染量相平衡等等。城市生态基础设施与其他子系统的平衡关系是复杂的，并且是动态的，有时暂时的不平衡也是成长发展的必经过程，所以需要关注各种不平衡的状态，进行调控，达到比较理想的状态。

2. 生态效率标准

城市基础设施生态化的生态效率标准可以从对资源与能源的利用效率、其运行特征以及其与地域自然环境的结合等方面考察。

（1）高效利用。高效利用重点针对的是能量流动及资源消耗而言。首先，城市生基础设施生态化的一个很重要方面是对能量和资源的高效利用。其次，资源是有限的，为了达到永续使用，无论是生物资源或是其他资源，都必须减少使用。城市基础设施各个子系统都应该在建设阶段以及运营构成中尽可能地提高资源、能源利用率。如提高能源供应系统的生产效率、减少传输中的损耗，给水排水系统使用中水循环技术等。

（2）循环再生。生态学认为自然生态系统是一个功能单位，它的显著特征是系统中以食物网为基础进行的物质循环和能量流动。城市基础设施生态化即应用这个理念，形成系统生态网络，与外部系统网络衔接，增加循环的可能性。循环利用的根本是废弃物的再利用，良好的循环应能完成"资源—产品—资源"的过程，形成封闭的物质循环路线。因此，基于循环再生的概念，再环保工程系统中反对简单的垃圾收集填埋；排水系统中倡导雨污分流、中水利用。循环利用的水平越高，城市基础设施生态化的程度也就越高。

（3）因地制宜（地域性）。由于自然条件、历史背景、经济发展水平和规模不同，城市基础设施生态化在构成内容、比例配置、运营管理等方面体现出差异，这种差异会在较长时间内使城市基础设施保留自身的质的量的特性。

各地区的生态系统构成有着不同的特征，因而各地区的城市基础设施生态化也应该因地制宜，根据地方的经济社会结构、气候地形地貌等条件，与地方土地利用、产业结构相协调，选择最适宜的技术类型和途径实现城市基础设施生态化的过程。这是提高城市基础设施生态化效率的重要环节。

3. 生态安全标准

从国内外研究者对生态安全的定义，可以看出，生态安全主要包含两层含义（邹长新，2003；吴开亚，2003）：一是生态系统自身结构和功能是否处于正常状态，即生态系统自身是否安全，二是生态系统的服务功能是否满足人类的生存需要，即生态系统对于人类是否安全。可以认为，生态安全是指由自然、经济和社会等组成的复合生态系统在受到一定的威胁、破坏或损害时，系统所具有的服务功能仍能满足人类可持续发展需求的一种状态。

（1）生物安全。生物安全主要指生物多样性及植被等受保护的状态，它有广义和狭义之分。广义的生物安全涉及在一定的时空范围内由于自然或人为因素引起的外来物种的迁入，并因此对当地其他生物物种和生态系统造成的改变和危害；人类活动导致的环境剧变对生物多样性产生的不利影响和威胁，以及在科学研究、开发、生产和应用过程中对人类健康、生态环境产生的有害影响。狭义的生物安全涉及转基因生物引发的安全性问题。这里指城市基础设施生态化的规划设计和建设过程中要始终以保护生物多样性和生物安全为前提。

（2）环境安全。环境安全通常指与人类生存、生产活动相关的环境处于一种不受污染和破坏的安全状态，即人类处于一种不受环境污染和环境破坏危害的良好状态，它涉及自然生态环境和人类生态意义上的生存和发展的风险大小。环境安全也是城市基础设施生态化的重要前提和重要标准。

（3）生态系统安全。生态系统安全就是指各类生态系统具有完整的组成与结构和稳定健康的生态服务功能，并且能承受城市生态系统外界施加的各种干扰或影响。无论在城市生态基础设施规划设计还是建设管理中，城市生态基础设施均要尽可能地减少对自然——社会——经济复合生态系统的干扰和负面影响。同时，要重视城市生态基础设施及构成要素的生态服务功能，以自我组织的、智能化的城市基础设施功能特性体现其生物特性，还要注意用生物方法处理各种污染及提供相关服务功能，让自然过程自我发挥作用。

二　城市生态基础设施指标体系的构建

党的十八大报告将"推进生态文明建设"作为报告的内容之一。同时，将"资源消耗、环境损害、生态效益纳入精进社会发展评价体系，建立体现生态文明要求的目标体系、考核办法、奖惩机制"①。继而，党的十八届三中全会又提出关于生态文明建设的新思想、新论断和新要求，这表明城市生态文明建设已成为经济社会发展的重要内容之一，推进城市生态基础设施建设也是生态文明建设的重中之重。因此，这一领域的理论研究也取得了较大的突破，尽管在目前的理论研究与实践探索中，城市生态基础设施建设虽然已经引发诸多的关注与重视，但是对于其内在的指标体系建设研究还存在着诸多的不足之处，且由于受到传统的研究环境与研究条件的限制，在城市生态基础设施建设的指标体系等系统化的研究和实践方面有着一定的欠缺。基于这种研究背景，研究城市生态基础设施建设的指标体系，不仅对城市未来的整体发展具有重要意义，而且有益于提高国家或社会文明进程的可持续性。

---

① 《十八大报告辅导读本》，人民出版社，2012，第41页。

（一） 城市生态基础设施指标构建的指导思想

城市生态基础设施建设的指标评价要坚持"和谐、高效、健康、安全、文明"，突出"绿色发展"理念，集成"绿色生态"、"绿色经济"等控制性指标等指导思想。

1. 坚持"和谐、高效、健康、安全、文明"的指导思想

城市生态基础设施建设在指标体系的编制过程中，始终将生态城"和谐、高效、健康、安全、文明"的核心思想贯穿其中。

和谐，即指标体系体现了城市生态基础设施"人与人和谐共存、人与经济和谐共存、人与环境和谐共存"的特点。这既是城市生态基础设施建设的初衷，也是衡量城市生态基础设施发展成果的关键。

高效，即指标体系有利于城市社会经济的蓬勃高效发展。城市生态基础设施建设不是以发展缓慢为代价，以换取对环境的保护和资源的节约，而是要促进社会、经济、环境共同实现高水平、可持续发展。

健康，即指标体系促进了生态城自然生态、社会经济以及居民身体等各方面的健康发展。建设城市生态基础设施的重要目标之一就是要克服城市传统发展模式下的诸多弊病，引导人们以更加健康的方式追求幸福生活。

安全，即指标体系从城市安全、生产安全、生态安全等多方面保障城市生态基础设施建设，特别是饮水水质、空气质量、人均绿地以及城市绿地覆盖率指标，要求区内所有公共设施设计必须考虑到城市居民生产和生活的安全便捷，是城市生态基础设施建设指标的一项突破。

文明，即指标体系突出了城市生态基础设施的文化特点，有利于促进具有地方特色的生态文化的形成。城市生态基础设施建设选址地区若拥有颇具地方特色的历史文化景观，指标体系对这些景观提出了予以保留的要求。

2. 坚持"绿色发展"理念

城市生态基础设施建设正是对城市实现绿色发展的一次有意义的实践。指标体系在建立的过程中，也力争突出城市生态基础设施的"绿色发展"理念。

（1）"绿色建筑比例"。"绿色建筑比例"指标要求区内所有建筑物均应达到绿色建筑相关评价标准的要求，在其全寿命期内，最大限度节约和利用再生能源、资源，保护环境、减少污染，提供健康、舒适、高效的空间，并与自然和谐共存。

从各国的能源消耗中可以发现，建筑能耗所占的比例很大。绿色建筑可以在保障健康舒适的前提下，最大限度地节约资源能源，减少对环境的污染。这一指标的制定可以有效避免我国多数城市在发展进程中片面追求建筑物的奢华，只重数量不重质量的不良现象，同时通过吸取新加坡在绿色建筑领域的先进经验，促进我国城市建筑总体水平的提高。

（2）"绿色出行所占比例"。"绿色出行所占比例"指标要求生态城内每天选择乘坐公交车、地铁等公共交通工具，或骑自行车、步行等节约能源、提高能效、减少污染、益于健康、兼顾效率的绿色出行方式的人次占总出行人次的比例不低于90%。交通问题已经日益成为当今世界城市发展的瓶颈，如何解决交通带来的环境污染与道路堵塞等问题是世界上大城市普遍遇到的难题。绿色出行指标充分发挥中新天津生态城作为新建城市的优势，提出保障城市居民绿色出行为主的需求，从而在随后道路规划、城市开发强度等各个领域都要采取相应措施予以配合，这是在城市交通发展模式上的创新性探索。同时"步行500米范围内有免费文体设施的居住区比例"、"就业住房平衡指数"等指标也将对提高生态城绿色出行比例产生积极的影响。

（3）引入了"绿色消费"的引导性指标。绿色消费是近年来逐渐走进人们视野的新理念，不仅包括绿色产品，还包括物资的回收利用、能源的有效使用、对生存环境和物种的保护等。由于绿色消费涵盖了生产行为、消费行为的方方面面，涉及面广，至今较难量化，因此在指标体系中被作为引导性指标加以要求。随着中新天津生态城的逐步建成，可以考虑通过"绿色商店"、"绿色饭店"、"绿色账户"等方式，从销售、宣传等方面普及绿色消费理念，并以中新天津生态城为试点，尝试开展绿色消费的量化研究。同时，"日人均生活耗水量"、"日人均垃圾产生量"、"垃圾回收利用率"等指标也可以从侧面体现生态城的"绿色消费"水平。

3. 集成"绿色生态"、"绿色经济"等控制性指标

指标体系中虽然明确提出"绿色生态"、"绿色经济"等指标，但从各单项指标的内涵中可以看出，每一项指标均是绿色发展理念的体现。如"区内环境空气质量"、"区内地表水环境质量"、"功能区噪声达标率"、"自然湿地净损失"、"本地植物指数"、"人均公共绿地"等指标均是对"绿色生态"的体现；"单位 GDP 碳排放强度"、"可再生能源使用率"、"非传统水资源利用率"、"每万劳动力中 R&D 科学家和工程师全时当量"等指标均是对"绿色经济"的体现。

在传统城市可持续发展测度中，GDP 被认为是衡量一个区域（国家、地区或者城市）经济的基本总量指标。然而，它没有把这个区域为经济发展付出的环境代价计算在内。此外，现行的 GDP 指标完全不能反映经济发展过程中自然资源的亏损和耗竭。一个区域的生态安全可能已不复存在，却不能影响它计算出来的 GDP。传统的 GDP 方法确实隐藏了生态危机，它不能反映一个城市的生态足迹和生态安全程度。因此，应考虑将自然资本与可持续性的整体衡量结合起来，为经济发展提供"绿色"的衡量方法。"绿色核算"可以通过绿色 GDP 即 GGDP 或绿色国民生产净值等形式来表现。

在"绿色核算"中，GGDP 值不仅要反映资本储备的贬值量，而且还要反映环境质量的变化，如大气污染、水污染和水土流失情况等。在此提出关于城市生态安全（City Ecological Security，简称 CES）的衡量指标，它以生态足迹分析（简称 EFA）为基础，同时将绿色 GDP 指标、生态足迹（简称 EF）和生态承载力（简称 ECC）考虑进去。这种方法的项目内容概括为公式：

$$CES = F(GGDP, EF, ECC)$$

该公式表明，CES 是 GGDP、EF、ECC 三者的函数，尽管 EF 和 ECC 两个指标在生态底线这一层面上具有相似的意义，但前者侧重于折算后的土地面积所能供养的人口数量的表征，而后者则表征综合各种生态因子后生态系统最大的环境（生态）容量。只有在上述三项指标的加权计算后，才能判定城市生态基础设施建设的状态。

（二）　城市生态基础设施指标构建的原则

城市生态基础设施建设是一个复杂的生态复合系统，需要从多角度、多要素、多学科的视角用指标考核城市生态基础设施建设的成效。近年来，随着生态文明建设实践的不断深化，关于城市生态基础设施建设的评价指标体系研究也日益增加。由于城市生态基础设施建设涉及面广、包含内容多，因此，其衡量标准及评价指标也具有一定的综合性和复杂性，但城市生态基础设施建设每项指标的选择和确定都应该符合可持续发展理念，满足经济、社会、生态和谐共生的基本要求，能够体现生态城市建设的要求。经过一系列的资料搜集与分析后，笔者认为城市生态基础设施建设的指标应当充分遵守如下三个方面的基本原则。

首先，系统性和整体性。城市生态基础设施建设是建立在完整、开放、系统的城市生态系统基础之上的，整个指标体系是对城市生态系统的综合评定与系统概括，同时城市是整个系统的重要组成部分，但绝不是整个系统的全部。因此，城市生态基础设施建设的指标体系要从系统整体出发，将选择的各个指标作为一个有机整体，在相互依存、相互配合中科学、全面地反映生态文明建设。同时，要实现对城市、城市周边环境的物质、能量构成、信息交换、生态环境等因素的全面考虑[①]。

其次，生态性与可持续性原则。城市生态基础设施是保障城市可持续发展的关键，没有可持续的生态环境就没有可持续发展，因此，生态性与可持续性是城市生态基础设施建设指标体系的重要内容。也就是说，城市生态基础设施建设应当对于城市的自然环境生态平衡与承载能力给予充分关注，并将生态平衡与生态承载能力作为城市生态基础设施建设的具有代表性的衡量标准，纳入城市生态基础设施建设指标体系中。基于这一原则，为了正确认识城市生态基础设施建设的实际水平，就需要城市生态系统中的结构与功能能够实现协调、平和与和谐发展，进而保证城市生态系统内部能量、物质、信息交换等持续进行。

最后，目标性与可操作性。城市生态基础设施建设指标体系，不仅要

---

① 顾传辉、陈桂珠：《生态城市评价指标体系研究》，《环境保护》2001 年第 11 期。

促进发展生态文明的城市，也要有助于提高公众生态文明意识，正确处理各类关系，还要具有实用性，在实际应用过程中要方便、简洁，且数据便于收集和计算。由于城市生态基础设施建设涵盖内容广泛，既包括城市及其周边地区的自然环境与生态系统建设，又包括经济、社会、文化以及生态的发展。因此，城市生态基础设施指标体系，要紧紧围绕城市生态基础设施建设的目标层层展开，以便能够客观地反映城市生态基础设施建设水平。当然，在这一过程中，经济发展与环境保护的协调发展也是一个长期、系统的过程，根据城市社会经济发展水平和科学技术水平，分阶段设定目标，使之持续发展。

总之，城市生态基础设施建设的指标体系建设需要对自然环境、经济发展、社会和谐等三个方面系统性地进行指标制定与原则构建，进而全面建立起科学的城市生态基础设施建设的指标体系。

（三）城市生态基础设施指标体系的构建

从目前我国城市生态基础设施建设指标体系研究看，学术界还没有形成较为成熟、完善的城市生态基础设施建设指标体系。从城市生态基础设施建设指标体系的实践看，过多地注重生态环境方面的建设，而对经济、文化和社会等方面的指标考虑得不够深入。城市生态基础设施建设是一项系统工程，要求其指标体系具有一定的系统性与完整性，因此，围绕"促进经济、资源、环境、社会协调发展"这一中心，结合对一些研究理论、城市生态基础设施建设内涵与影响因素的思考，根据构建城市生态基础设施建设基本的指标体系的基本原则，确定了自然资源、环境保护、经济同步发展和社会民生等四个子系统，其具体的指标体系如下。

1. 自然资源指标

目前城市生态基础设施建设与发展过程中，自然资源作为城市能量的重要来源，其资源保障能力也成为整个城市得以运行的基本条件。在当前中国工业化、城镇化发展的大环境之下，城市发展势必会对土地、森林、矿产、水资源、湿地、绿地以及其他资源造成必要的消耗。虽然，国家倡导可持续发展以提升城市对于资源的利用效率，但是这种城市转型、科学发展、综合利用难以在短期之内改变目前中国城市以资源消耗支撑经济发展的现状。城市也正是面对着如此之大的资源使用与能源消耗，其生态基础设施建设指标体系中的自然资源保障方面的数据显得尤为关键，故而人均耕地面积、人均水资源量和森林覆盖率成为评价城市自然资源消耗状况的重要指标，也可以深入了解与评价城市土地、水和森林等自然资源状况。然而，对于城市发展所需要的矿产资源，这是整个城市生态与发展所必需的动力与能量来源，为了能够充分反映矿产资源的保障能力，结合其他的研究数据引入了单位面积采矿业产值指标、主要资源产出率、工业固体废物综合利用率、工业用水重复利用率等指标进行衡量与评价，当然这些标准也是目前城市循环经济发展、城市生态基础设施的重要标准。

2. 环境保护指标

环境保护是目前城市生态基础设施建设的重要指标内容，它不仅可以为城市的生态文明提供重要支撑，同时也能够最大限度地解决目前中国城市化发展进程中，因为过度依赖资源使用而形成的城市环境发展问题。环境保护相关指标的制定与确立就是力图通过很少的环境成本与资源代价而推动城市大力发展循环经济、走可持续发展的道路。然而，基于这样的基本原则，城市生态基础设施建设中环境保护也主要表现在了环保建设与投入、污染物排放等两个主要方面。至于城市生态基础设施建设的指标体系中环境保护相关指标，绿地覆盖率、环保投资等成为衡量环保状况的重要指标；同时化学需氧量排放量、氮氧化物排放量、氨氮排放量等几个指标可作为基本的测算指标。

3. 基础设施生态化指标

基础设施生态化研究是促使基础设施向生态型不断发展和完善，并与其他系统协调整合的重要手段和举措。基础设施生态化研究内容及方法显然是丰富多样的。基础设施生态化指标主要包括：能源供应充足、能源利用高效、能源结构先进；饮用水质提高、水利用率提高、污水处理完全；交通网络完善、物流运转高效、交通设施优化；电信设施普及、运作效益提高、信息传递发达；环境卫生清洁、回收利用增加、资源保护良好；灾害损失减少、抗灾能力增强、防灾系统完整；城市基础设施各子系统之间投资建设平衡、技术能力平衡、发展水平平衡；城市基础设施系统区域间发展能力协调；城市基础设施系统整体进化程度高等等。这些都是城市基础设施生态化的评价指标，也是城市生态基础设施评价指标的重要组成部分。

综上所述，城市生态基础设施建设是一个长期、复杂、动态的发展体系，目前关于城市生态基础设施的一些基本建设指标主要是基于城市生态基础设施的发展与实践探索而来的。与此同时，随着对于这一系统的认知不断深入，城市生态基础设施建设的相关指标也将进一步完善与深入，以此来科学地评价、推动和引领城市生态基础设施建设。

三 城市生态基础设施指标体系评价

城市生态基础设施指标体系评价，主要根据生态基础设施的内涵和人类活动对生态系统服务功能的影响，参考国内指标参考值进行评价。从指标参考值的确定来看，尽量选择一些国内公认的标准或目前国内发达城市所达到的参考值，指标参考值总体上反映了生态基础设施建设的努力方向。

（一） 城市生态基础设施建设目标

构建城市生态基础设施指标评价体系的目标是：一是保证城市生态基础设施自身健全，保证生态系统结构、生态功能、生态过程安全。不仅要防止生态退化对经济基础构成的威胁，主要是防止自然资源的减少和退化削弱经济可持续发展的支撑能力；还要防止人类活动超出生态承载力的阈值而影响生态安全，采取一定的防范措施。二是使城市生态基础设施为城市及居民提供相应的生态服务。包括关键生态系统的完整性和稳定性，生态系统的健康与服务功能的可持续性，主要生态过程的连续性等，避免生态环境问题导致生存空间和生活空间恶化，引发市民不满，影响社会稳定。

总之，城市生态基础设施建设的主要目标是维护城市生态安全和健康，使城市和居民获得可持续的自然服务。评价城市生态基础设施建设成效的指标体系也可以归入城市生态安全和健康的指标体系范畴。城市生态基础设施的指标体系也有其自身特点，它更强调自然生态服务空间。

（二）城市生态基础设施评价指标的确定

城市生态基础设施是一个独特的生态系统。近年来，城市生态基础设施的概念和含义在日益拓展，包括生态系统管理与生态学、景观生态学、生态经济学、生物保护学、生态工程学等多方面研究都对之进行了探讨。但就其内涵而言，城市生态基础设施的概念无论对于生物栖息地系统，还是对于人类的城市栖息地系统，都含有具有基础性功能的自然生态系统及其自然服务的意义[①]。因此，拟采用自然生态系统中的相关系统反映生态基础设施的质量优劣情况。但是城市生态基础设施的指标体系也有其自身特点，它更强调自然生态服务空间，包含了绿地系统、湿地系统、大气系统、农业、林地等。在这些系统中，有的指标具有相似性和重复性。为了避免过多指标间相关性导致指标间关系复杂，以致指标综合结果无法正确反映各指标的重要性，将林业系统合并到绿地系统。在城市化过程中，城市生态基础设施中的农业系统变化很大，且缺乏权威可靠的相关数据，这里暂时不考虑其指标体系。此外，生态化的人工基础设施和社会性基础设施也属于城市生态基础设施的范围。出于数据采集和处理等多方面的原因，生态化人工基础设施只选取有代表性的交通运输、给水排水、环境卫生等要素进行指标体系的评价。关于能源补给、通信和安全防灾三个要素层以及社会性基础设施这一类基础设施，这里就暂时不考虑其指标体系了。因此，根据城市生态基础设施的内涵和人类活动对生态系统服务功能的影响，以国内外公认的生态城市、园林城市中与生态基础设施相关的各项指标为准则，本着综合性、代表性、层次性、可比性、可操作性等原则[②]，从城市所依赖的自然生态系统和生态化人工基础设施出发，以城市大气系统、绿地系统、湿地系统以及生态化的人工基础设施为依据，提出评价城市生态基础设施的初级指标体系（如表1所示）。

[①]　刘海龙、李迪华、韩西丽：《生态基础设施概念及其研究进展综述》，《城市规划》2005年第9期。

[②]　王华、苏春海：《水资源可持续利用指标体系研究》，《排灌机械》2003年第1期。

表 1　城市生态基础设施评价指标体系

系统层	子系统层	要素层	指标层	说明或解释
城市生态基础设施	自然基础设施	大气系统	NO_2 年均质量浓度值	用每立方米空气中 NO_2 的毫克数表示
			SO_2 年均质量浓度值	用每立方米空气中 SO_2 的毫克数表示
			城市可吸入颗粒年均质量浓度值	用每立方米空气中可吸入颗粒的毫克数表示
		绿地系统	人均公共绿地面积	城市公共绿地总面积/城市总人口
			建成区绿化覆盖率	建成区绿地面积/建成区面积
			植被覆盖率	(城市森林面积/城市土地总面积)×100%
			自然保护区面积占辖区土地总面积比重	以饮用水源一级保护区、风景名胜区、森林公园的总面积占城市国土面积的百分比来表示
		湿地系统	湿地面积比例	用湿地面积占城市总面积的比值表示
			人均湿地面积	用湿地面积占城市总人口的比值表示
			人均水资源量	用城市水资源总量与城市总人口的比值表示
			水土流失率	用研究区水土流失面积占总面积的比值表示
	人工基础设施	交通运输系统	人均道路面积	用城市总人口与城市道路总面积的比值表示
			主干道平均车速	反映城市交通运输效率,用城市主干道的限制车速来表示
			万人拥有公交车辆数	反映城市公交系统的运输能力,万人拥有公交车辆数=(城市公交车数量/城市总人口)×10000
		给水排水系统	饮用水水源水质达标率	反映居民用水的卫生状况,根据《地表水环境质量标准》(GB3838-2002)和《地下水质量标准》(GB3838-2002)的有关标准对城市饮用水源水质进行评价,用达标的水量与饮用水水源总水量的比值表示
			城市用水普及率	用城市饮用自来水人口数量与城市总人口的比值表示
			城市生活污水集中处理率	反映城市处理污水的能力,城市生活污水集中处理率=(生活污水处理量/生活污水排放量)×100%
			工业废水排放达标率	(工业废水排放达标量/工业废水排放量)×100%
			工业用水重复率	用工业用水中重复利用的水量与总用水量的比值来表示
			单位 GDP 水耗	反映水资源利用效率,用万元国内生产总值的耗水量表示
		环境卫生系统	城镇生活垃圾无害化处理率	运用《生活垃圾焚烧污染控制标准》(GB-18485-2001)T 和《生活垃圾填埋污染控制标准》(GB-16889-1997)有关标准计算,公式为:(生活垃圾无害化处理量/生活垃圾产生量)×100%;式中,生活垃圾产生量不易获得,用垃圾清运量代替
			工业固体废物综合利用率	指工业固体废物综合利用量占工业固体废物产生量的百分率。依据《一般工业固体废弃物储存、处置场污染控制标准》(GB-18599-2001)有关标准计算,工业固体废物综合利用率=[工业固体废物综合利用量/(工业固体废物产生量+综合利用往年贮存量)]×100%
			区域环境噪声平均值	根据《城市区域环境噪声标准》(GB3096-93)的规定,选用《城市区域环境噪声测量方法》(GB/T14623)测定

（三）天津市生态基础设施评价分析

根据上述的城市生态基础设施评价指标体系，收集 2009～2014 年天津市生态基础设施建设的基本数据（如表 2 所示），通过天津自身纵向的比较，简要分析天津生态基础设施建设的情况。

表 2　2009～2014 年天津生态基础设施基本数据

			2009	2010	2011	2012	2013	2014
自然基础设施	大气系统	NO_2 年均质量浓度值（mg/m³）	0.037	0.039	0.041	0.042	0.054	0.054
		SO_2 年均质量浓度值（mg/m³）	0.032	0.041	0.043	0.048	0.059	0.049
		城市可吸入颗粒年均质量浓度值（mg/m³）	0.009	0.101	0.104	0.105	0.150	0.133
	绿地系统	人均公共绿地面积（m²/人）	8.59	8.56	10.30	10.54	10.97	9.73
		城市绿地面积（万公顷）	1.74	1.92	2.17	2.23	2.32	2.53
		建成区绿化覆盖率（%）	30.3	32.1	34.5	34.9	34.9	34.9
		植被覆盖率（%）	9.9	9.9	9.9	9.9	9.9	8.1
		自然保护区面积占辖区土地总面积比重（%）	8.1	8.1	8.1	8.1	8.0	8.0
	湿地系统	湿地面积比例（%）	5.62	5.61	5.61	5.61	5.60	5.54
		人均湿地面积（m²/人）	0.89	0.83	0.76	0.67	0.54	0.44
		人均水资源量（m³/人）	126.79	72.80	115.96	237.99	101.49	76.08
人工基础设施	交通运输系统	人均道路面积（m²）	13.76	14.89	17.05	17.88	18.74	16.71
		万人拥有公交车辆数（标台）	15.38	12.05	15.19	17.34	18.99	18.14
	给水排水系统	城市用水普及率（%）	100	100	100	100	100	100
		饮用水水源水质达标率（%）	100	100	100	100	100	100
		城市生活污水集中处理能力（万立方米）	212.6	224.2	232.2	257.2	261.6	262.6
		工业废水排放达标率	92.4	94.5	95.4	96.6	96.8	97.6
		工业用水重复率	87	89	88.96	89.1	89	89.2
		单位 GDP 水耗（万元/m³）	45.55	45.32	45.19	44.30	44.21	44.18
		城镇生活垃圾无害化处理率（%）	94.3	100	100	99.8	96.8	96.7
	环境卫生系统	工业固体废物综合利用率（%）	98.30	98.40	98.40	99.22	98.88	98.91
		区域环境噪声平均值（分贝）	54.90	54.70	54.90	54.30	54.0	53.9

数据来源：天津市统计年鉴 2015 年。

1. 大气系统

天津生态基础设施质量状况中大气系统方面发展趋势较好。这主要是因为随着城市化进程的加快，天津积极调整产业结构，实施"退二进三"的政策。同时也认识到，良好的环境是城市可持续发展的特征之一，环境保护是建成生态城市的基本保证，也是城市发展的支持基础。天津市在创建国家环保模范城市成功后，继续巩固和提高"创模"的成果，并通过落实和推动创建国家卫生城市和国家园林城市两项工作，力争把天津建成生态宜居城市。为此，天津市实施了"碧水"、"蓝天"和"安静"工程，分别针对城市水环境质量、空气质量、声环境质量进行改进。

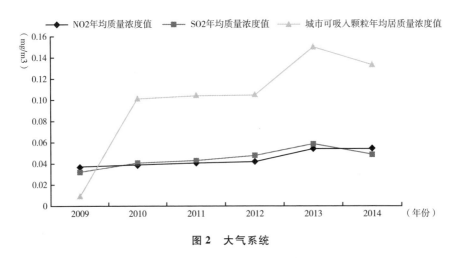

图 2 大气系统

从图 2 可以看出，天津可吸入颗粒年均变化值较大，这是因为天津受沙尘暴影响。从二氧化硫和二氧化氮的年均质量浓度看，基本上没有太大变动。不难看出，天津在环境建设方面做了大量的工作，并取得了一系列的成果：空气质量达到及好于二级的天数、环境空气质量优良率等各项指标值逐年提高，大多达到或接近生态市目标值。但我们也要清楚地认识到，天津工业的快速发展和机动车辆的增加使得一些地方交通拥挤、空气污染严重。工业生产中产生的化学气体，城市固体垃圾和污水产生的有害气体，生产生活中排放的粉尘，汽车和其他运输工具产生的尾气，人流集中产生的秽气和人车集中活动激起的灰尘，这些有害气体和粉尘先通过对空气的污染，再污染人类、水体、动植物，由此造成对人体、动植物和生产生活设施的损害。比如，采暖期总悬浮颗粒物、二氧化硫和氮氧化物明显多于非采暖期。2014年环境空气中可吸入颗粒物为影响城市环境空气质量的首要污染物，出于建筑施工、道路施工量增加，道路清扫方式落后，绿化覆盖率低等原因，城市扬尘在总悬浮颗粒物中所占比重由原来的30%上升到50%以上。加之生态破坏，风沙尘、沙尘暴也呈加重趋势。

2. 绿地系统

对整个城市生态系统来说，城市绿地系统对于城市的生态恢复功能在于它可以生长式的发展与簇群式的带动作用，在美化城市面貌的同时，恢复城市生态系统的活力。城市绿地规划尤其是环城绿带规划是恢复城市自然生态环境及提高景观活力的有效措施。

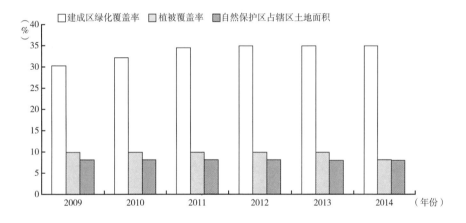

图3　绿地系统

从表2和图3可以看出，天津生态基础设施质量状况中绿地系统方面有所改善，表现在城市绿地面积不断增加，人均公共绿地面积也呈稳中有升的趋势。但距离绿化覆盖率45%的标准还存在很大的差距。这是因为在天津城市化过程中，房地产业迅速膨胀，以及各种市政基础设施修建，对原有绿地破坏严重，而建成区绿化率又不高，以致城市绿化覆盖率低，人均绿地面积少，自然保护区面积占辖区土地总面积比重过低，绿地系统质量一般。因此，在天津城市建设过程中，应该应用"反规划"的原理，在天津城市规划各种建设用地之前，先行规划和设计城市生态基础设施，再行安排城市各种建设用地。这样不仅可以有效地保护原有的绿地系统，还可以在先行规划和设计的控制区域内大量增加绿地面积，从而提高绿地系统质量。

3. 湿地系统

天津湿地资源虽然丰富，但近年来随着上游地区加大开发力度和流域生态失衡，入境水量大大减少，许多河道常年处于断流状态，加上天津降水量小，蒸发量大，水资源总量严重不足。水田、鱼虾池、工业用地、居民用地、交通用地也使得湿地面积萎缩、破碎化。天津的天然湿地面积已由 2009 年占辖区总国土面积的 5.62% 减少到 2014 年的 5.54%，人均湿地面积从 2009 年的 0.89 平方米/人减少到 0.44 平方米/人。这主要是因为人们只顾对自然资源的攫取，而对自然环境的保护意识差；由于城市规模不断扩大，占用大量农田和各种湿地，导致湿地萎缩，湿地面积比例下降，人均湿地面积减少。

据 2002 年遥感调查统计，天津市天然湿地面积和人工湿地面积分别占湿地总面积的 87.83% 和 12.17%。结果显示，目前人工湿地构成了天津湿地的主体。天然湿地面积减少的趋势仍在继续。天然湿地生态系统具有复杂性和稳定性，为大量的动植物物种提供了栖息、繁衍的场所。人工湿地与天然湿地相比，生物种类单一，抗干扰能力极差，基本失去了"物种基因库"的功能。天然湿地是调节洪水的理想场所，湿地被围垦或淤积改变用途后，湿地蓄洪防旱的功能已不复存在，如黄庄洼湿地曾在蓄洪保水方面起到很大的作用，现在被大片的水田替代。天然湿地具有降解污染物和净化水质等功能，然而由于城市化的发展，中心城区的河流湿地，目前延伸到郊外的待开发的某些湿地被人为地用水泥或石头堆砌，完全丧失了"自然的肾"的功能。水的自净能力消失殆尽，水——土——植物——生物之间形成的物质和能量循环系统被彻底破坏。

4. 交通运输系统

经过多年建设，2014 年，天津市共铺装道路长 7275 公里，人均道路面积 16.71 平方米（如表 2 所示），已达到建设部的远期要求 11~14 平方米/人。建设公交专用车道 153 公里，优化公交线路，更新购置公交车辆

1000 辆，改造建设公交候车亭；保持机场、车站、码头等交通运输窗口单位环境整洁等。但仍存在一定的问题，主要表现在：在交通规划建设和规划过程中，绿地只是点缀，忽略了其生态功能；规划目标单一；缺乏与其他城市生态基础设施的结合和衔接等。以道路建设为例，目前，天津可渗透路面应用较少，仅部分广场、公园等地使用，透水路面承载能力尚不强，其材料仍需要进一步研发升级，路面改造换材料难度较大。同时，市域内周边区县如化工厂、制药厂等有污染的区域，建立可渗透路面可能导致雨水连带污染物下渗污染地下水，因此目前仍需在天津设立试点，将其更多应用于住宅小区、文化娱乐广场、公园和学校等地，同时限制地下空间如停车场等被过度开发，以便雨水下渗补充地下水。目前，可渗透路面主要应用于下垫面改动较大的市区以及周边区县中心，部分区县包括蓟州区、宝坻区、宁河区等区域，因其绿化率较高、下垫面改造程度较低、水系较发达等特点，可降低可渗透路面强度。另外，天津滨海新区部分盐碱化严重的地带，地下水位过高容易导致盐渍化加重，因此可渗透路面推广工作需因地制宜开展。

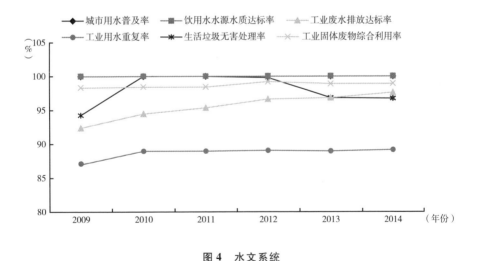

图 4　水文系统

5. 水文系统

在给水排水系统中，城市用水普及率和城市饮用水水源水质达标率从 2009 年来一直保持在 100%。从图 4 中还可以看到，工业固体废物综合利用率已超过生态市目标值，且正朝着 100% 的目标前进。但是污水处理率、生活垃圾无害化处理率两项指标还未达标，工业用水重复率也很低，相对来说，单位 GDP 水耗偏高。其主要原因是：一方面，传统工业污水排放较多，乱排乱放现象严重；另一方面，随着天津城市化速度过快，城市人口急剧膨胀，生活污水排放过多，而城市污水处理率较低，导致水文系统质量一般。因此，应当强化企业排污的处理，改善城市环境，加强生态基础设施建设。对传统工业应逐渐改变产业结构，制定严格的工业排污标准，进行积极有效的监督，以减轻对环境带来的污染负荷，必须进行有效污染控制，以帮助其逐步恢复并防止大规模扩散。在经济发展的同时必须对产业结构进行合理调整，大力发展第三产业，并提高城市污水处理率，进行完善的天津生态基础设施建设，促使其逐步恢复。同时，要以市域水体为研究对象，初步确定天津市生态水域空间格局为"五个通道、八个点、三条线、两大片"。五个通道即：蓟运河、潮白新河、永定新河、海河、独流减河这五条大的行洪通道。八个点即指天津市域的八大水库，包括于桥水库、尔王庄水库、七里海水库、黄港水库、鸭淀水库、团泊洼水库、北大港水库、北塘水库。三条线即引滦入津线、引黄济津线、南水北调天津段。两大片即塘沽区和汉沽区内两大片水域。

6. 环境卫生系统

在环境卫生系统中，城市区域环境噪音的平均声级与道路交通噪声平均声级没有显著变化。同时，天津逐步改进城市道路和公共场所的垃圾清扫、清理和处理方式，减少清洁过程中的二次污染，如清扫扬尘和焚烧垃圾产生的有害气体；统一规划摊群市场，严格管理马路餐饮，最小化无序摊贩经营造成的负面影响。天津在环境卫生系统方面取得了一定的进展。

（四）天津市生态基础设施的合理性分析

近年来，天津注重生态建设和环境保护，在城市生态化建设中取得了较好的成效。但资源消耗、生态恶化、环境污染与经济发展之间的矛盾仍然是制约天津生态基础设施建设的一个重要问题。因此，合理利用资源能源，在发展中保护生态环境，有效地推进生态基础设施建设，开展生态基础设施建设考核评估，是当前天津城市可持续发展的紧迫任务。

1. 生态网络完整性和合理性分析

城市生态基础设施建设的生态网络规划应综合考虑不同的空间尺度层次，对于多尺度的生态网络构建，各层次之间的衔接是尤为重要的环节，宏观尺度上生态网络完整性的分析，能够对规划区在整个区域生态网络中的重要性与合理性进行把握，从而在不同层次不同尺度上保持最大限度的整体一致性。

城市生态基础设施建设的生态网络是由生态廊道和生态节点两部分组成的，生态廊道一般包括三类，即植被绿带、景观廊道和通道廊道。生态网络是解决城市生境破碎化、提高生境连接度的重要手段。生态网络规划的关键在于节点的定位和网络的组成模式。对于生态区域，如河流交汇点、生物保护区、村庄等都可以被抽象成点，它们之间的相互联系，如海岸线、河流、交通线路、物质流、信息流、能量流等都可被抽象成点与点的连线，这样生态系统就成为网络。

天津生态基础设施建设的生态网络构建，是由多个生态廊道相交的节点以及北部大黄堡、七里海湿地连绵区的延续区组成。从现状来看，天津市生态基础设施建设的生态廊道和重要节点，主要包括水域和湿地两大部分。其中，水域为生态敏感性高的蓟运河、营城水库、污水库和养殖水面等，这部分水域的水质较差，基本为Ⅴ类和劣Ⅴ类水体。与此同时，由于各个水域独立存在，没有构成循环体系，因此这些水域的生态功能没有充分发挥。尤其是营城水库，不仅没有发挥生态功能，还成为影响周边区域生态环境的负面因素。可见，作为天津市生态基础设施建设中生态网络的重要节点，其生态功能远远没有发挥。

天津生态廊道以湿地生态系统为主，湿地以水为本，将区域内的水体与周围生态网络进行了合理衔接，而且使内部水循环更为畅通，建立了合理水循环体系，同时，通过天津湿地的生态廊道把各生境岛屿连接在一起，尤其是与自然斑块连接在一起，循环体系更为健全，生态网络的联通性与完整性增加，生态网络能为野生动物提供生境，维持动植物群落之间的交流，维持生物多样性，自然生态系统的物质能量畅通循环，生态网络的生态功能得到充分的发挥。区域的生态网络的联通性与完整性对规划区作为重要生态节点在天津市生态基础设施建设的自然生态网络中功能的发挥有较大改善。

2. 生态廊道结构与合理性分析

对组成生态网络的生态廊道进行结构分析是对城市生态基础设施建设的生态网络合理性分析（功能分析）的基础，而对生态廊道构成的研究则是生态廊道结构分析的核心，生态廊道宽度的确定应该从对其功能的研究入手，即遵循景观结构与功能原理。不同功能对应的廊道宽度不同，绿带廊道可达数百米甚至几十公里，不同的宽度可构造不同的景观结构，发挥不同的生态功能。

通常来说，在一定的范围内，生态廊道越宽越好，随着宽度的增加，环境异质性增加，物种的丰富度也随之增加，同时也会拥有较好的城市景观效果，但是，由于生态廊道还具有隔离的功能，过宽的生态廊道也会成为动物迁移的障碍，影响它们的繁衍生息。因此，在设计具有生态廊道功能的林带宽度时，必须先选好被保护的野生动物，根据它们的特征来确定生态廊道宽度，以求生态廊道能在满足基本功能后达到保护城市野生动物的功能。

生物迁移廊道的宽度随着物种、生态廊道结构、连接度、生态廊道所处基质的不同而不同。比如，对于鸟类而言，十米或数十米的宽度即可满足迁徙要求（如表3所示）。对于较大型的哺乳动物而言，其正常迁徙所需要的廊道宽度则需要几公里甚至是几十公里。可见，基于生态多样性保护的目标不同，所需规划和建设的城市生态廊道的宽度也会有所不同。当出于开发等原因不能建立足够宽或者具有足够内部多样性的生态廊道时，也可以建立一个由多个较窄的廊道组成的网络系统。这个生态网络能提供多条有利于动植物迁移的路径，从而减少突发性事件对单一生态廊道的破坏。

表3　基于生物多样性保护目标的生态廊道的宽度

宽度值	功能与特点
≤12 米	生态廊道宽度与物种多样性之间相关性接近于零
≥12 米	生态廊道宽度与草本植物多样性的分界点，草本植物多样性平均狭窄地带的2倍以上

续表

宽度值	功能与特点
≥30 米	含有较多边缘种类,但多样性程度较低
≥60 米	对于草本植物和鸟类来说,具有较高的多样性,能够满足动植物迁徙和传播以及生物多样性保护的基础性功能要求
≥600～1200 米	能够创造自然化的、物种丰富的城市景观结构,具有较强的生物多样性保护功能

数据来源:俞孔坚、李迪华、李海龙《"反规划"途径》,中国建筑工业出版社,2005。

《中新天津生态城总体规划》中提出,蓟运河左岸（东侧）生态廊道宽度不小于 120 米。蓟运河故道须保持自然形态现状,两岸生态缓冲带自 1.0 米水位线算起,宽度须控制在 60 米以上（城市中心滨水地带除外）。清净湖西岸生态缓冲带宽度控制在 20～30 米以上。琥珀溪、吟风林、甘露溪、慧风溪四条生态廊道宽度应不小于 100 米（包括人工河道）。在津汉快速路、汉北路北段和中央大道的两侧应设置宽度不小于 30 米的防护绿带。可见,中新天津生态城建设和保留的生态廊道宽度基本上可以满足生物迁移和生物多样性保护的需要,但在具体操作和实施过程中要注重保留原生态的芦苇群落和杂草植被,减少观赏型的绿地,否则城市生态廊道的功能将不能充分发挥。

3. 绿地系统合理性分析

从宏观层次上,天津生态城的建设充分利用了周边农田、河流等就近区域的景观要素,比如永定新河——蓟运河的绿廊以及区域内的绿核＋绿楔,构成了天津生态基础设施建设中绿地系统的主要骨架,并具有很好的完整性和连通性,保证了与外围广大区域的联系。

从中观层次上,天津生态城的建设结合地形特点和场地特征,建设了大面积且连续的"生态保护核心区",并结合蓟运河故道生态河岸改造,充分利用中国古典园林的理水手法,营造丰富和连通的水系,形成水绿相依的绿地系统。同时绿地系统以"生态保护区"为核心,生态谷为轴线,既保留了大片的生态保护核心区,又利用与渤海和蓟运河相连的河流廊道以及生态谷分隔规划区内不同的建设组团,实现与规划区外的有效连接。规划区还规划了 4 处特色景观区,形成了"点线面"联系的绿地系统,体现了绿地系统的连续性和完整性。

更重要的是，绿地系统融入了天津生态城的整体布局中，构成了生态城重要的生态基础设施。微观层次上，以 400 米 × 400 米为基本模数的社区，都规划了相应的公共绿地，通过街头绿地、邻里公园、社区公园、滨河绿地、生态核心区以及生态谷的各个节点，可以消除 500 米绿地服务半径盲区，能同时满足区内不同层次人群的绿地需求。

根据相关研究，天津绿地生态基础设施建设的生态效益的大小主要跟绿地面积的大小、形状、绿量、景观格局以及绿地的群落构成有关。根据前述对生态网络、生态廊道和绿地系统的分析结论，天津生态基础设施建设的生态网络的完整性和连通性应适度加强，生态廊道建设和布局比较合理，绿地系统保持了一定的连续性，仍有待进一步强化。

第六章　城市生态基础设施建设规划

由于城市的建设往往侵占原有的自然生态系统，对原来生态系统应有的水、植被和土壤造成不同程度的占用和破坏，因此，在城市生态基础设施的生态规划中，要运用生态学原理并遵循城市生态规划原则，对城市生态系统的各项用地与各种社会经济建设做出更为合理的安排，并能动地调控城市生态中的景观要素，提高城市生态基础设施的质量，使之和谐相容和可持续发展。要考虑如何补偿生态的问题，即如何对城市基础设施建设过程中所造成的自然资源的损耗、污染物的排放及生态品质的恶化进行补偿，进而减少对城市生态环境的破坏，维持城市生态系统平衡。

一　城市生态基础设施规划理论支撑

城市生态基础设施是一个由人工或自然的景观要素，通过有机联系组合而形成的具有自然生态系统动态循环过程的生态空间网络。城市生态基础设施规划则是一种具有先见性、系统性、整体性保护与发展的多尺度规划策略，主要由生态保护中心、生态廊道和生态斑块组成，生态保护中心是自然或人工条件下非线性的景观要素，一般包括自然山地、湿地、林地、水域、野生动植物生境等要素，以及公园、郊野园和正处于生态功能恢复过程中的矿场等人工要素，其主要功能是为野生动植物提供起始地和目的地；生态廊道则是人工或自然条件下的线性廊道，如道路、林带、河流或山脊线等，其作用是负责连通网络中心，形成具有生态流通过程的自然网络有机体。如果把网络中心比作城市的"器官"，那么连接通道就是

119

"血管和神经脉络"，两者有机结合在一起，给城市机体注入生命的活力。城市生态基础设施促进了天然物种迁徙、自然生境的连接，以及城乡环境资源的保护，同时也对城市居民生活改善发挥着重要的作用。

（一）反规划理论

"反规划"（Anti-planning）一词最初出现在《论反规划与城市生态基础设施建设》一文中，它是规划与设计的一种新的工作方法，规划和设计应该首先从规划和设计非建设用地入手，而非传统的建设用地规划。

在经历了田园城市、卫星城、邻里单位理论等城市规划过程中，西方的城市化伴随着工业的文明进步而不断进步，同时也产生了一系列的城市问题，如交通、环境、人口等。为了应对这些问题，西方就有学者提出了类似的规划理念。比如，生态优先思想的出现，即一般先确定生态绿地的位置，然后再布置居住、工业和道路等用地。早在100多年前，城市规划者的先驱艾利奥特、迈克哈格就提出了遵从自然的城市生态基础设施建设思想。而反规划理论不同于以往的旧有规划中的"人口—规模—性质—布局"为主导的规划理论，而是提出首先规划和完善非建设用地，设计城市生态基础设施，形成高效的能够维护居民生态服务质量、维护土地生态过程的安全的生态景观格局。这种规划理论的提出就是为了应对旧有的规划观。由此可以看出，"反规划"理论强调生命土地的完整性和地域景观的真实性是城市区域规划发展的基础，但也并不是简单的生态绿地优先。

反规划是一种逆向、辩证、反思的规划思维方式，融合了相关学科的最新成果，具有丰富的含义，主要包括以下四个方面[①]：①反思城市状态：它表达了对我国城市和城市发展状态的一种反思；②反思传统规划方法论：它表达了对我国实行了几十年的传统规划方法论的反思，是对流行的多种发展规划方法论的反思；③逆向的规划程序：它表达了在规划程序上的一种逆向的规划过程，首先以土地健康和安全的名义和以持久的公共利益的名义，而不是从眼前暂时的经济利益出发来做规划；④负的规划成

---

① 俞孔坚、李迪华、李海龙：《"反规划"途径》，中国建筑工业出版社，2005。

果：在提供给决策者的规划成果上体现的是一个强制性的不发展区域及其类型和控制的强度，构成城市的"底图"和限制性格局，而把发展区域作为可变化的"图"，留给渐进式的发展规划和市场去完善。

（二）城市生态规划理论

城市生态规划是在现实压力和思想渊源的共同作用下提出的，是运用系统分析手段、生态经济学知识和各种社会、自然、信息、经验，规划、调节和改造城市各种复杂的系统关系，在城市现有的各种有利和不利条件下为寻找扩大效益、减少风险的可行性对策所进行的规划。包括界定问题、辨识组分及其关系、适宜度分析、行为模拟、方案选择、可行性分析、运行跟踪及效果评审等步骤。

城市生态规划致力于城市各要素间生态关系的构建及维持，城市生态规划的目标强调城市生态平衡与生态发展，并认为城市现代化与城市可持续发展亦依赖于城市生态平衡与城市生态发展。城市生态规划内容是：在自然综合体的天然平衡情况下不做重大变化，自然环境不遭破坏和一个部门的经济活动不给另一个部门造成损失的情况下，应用生态学原理，计算并合理安排资源的利用及组织地域的利用。相应的，城市生态规划则是运用生态学原理并遵循城市规划原则，对城市生态系统的各项用地与建设做出更为合理的安排，提高城市生态环境质量，并能动地调控城市的各种社会经济活动，使之和谐相容和可持续发展，而城市生态规划的终极目的就是建成现代的生态城市。这无疑是城市规划工作范围的拓展，也为城市建立起更科学的发展观，但对于城市规划工作者来说，面对"城市生态规划"这个新工作内容有一些疑惑。

城市生态规划不同于传统的城市环境规划只考虑城市环境各组成要素及其关系，也不局限于将生态学原理应用于城市环境规划中，而是涉及城市规划的方方面面，致力于将生态学思想和原理渗透于城市规划的各个方面和部分，并使城市规划"生态化"。同时，城市生态规划在应用生态学的观点、原理、理论和方法的同时，不仅关注城市的自然生态，而且也关注城市的社会生态和经济生态。此外，城市生态规划不仅重视城市现今的生态关系和生态质量，还关注城市未来的生态关系和生态质量，关注城市生态系统的可持续发展，这些也正是城市生态基础设施建设的目的之所在。因此，城市生态规划理论应成为城市生态基础设施建设的理论依据。

城市生态规划首先强调协调性，即强调经济、人口、资源、环境的协调发展，这是规划的核心所在；其次强调区域性，这是因为生态问题的产生、发展及解决都离不开一定区域，生态规划是以特定的区域为依据的，设计人工化环境在区域内的布局和利用；最后强调层次性，城市生态系统是个庞大的网状、多级、多层次的大系统，这决定其规划有明显的层次性。

（三） 城市景观生态规划理论

18 世纪以来，工业革命和城市化正以空前的速度和规模改变着人类赖以生存的自然环境，生物多样性不断减少、环境污染和全球变化日益引起人们的关注和警觉，迫使人们逐步达成共识，并为维护生态环境进行有目的的规划、设计和管理，以达到经济发展过程中合理利用自然资源及维护自然资源的再生能力，使人类的生存环境得到最大限度保护的目的。在此背景下，综合多种学科理论和技术方法的城市景观生态规划设计及管理理论逐步形成。城市景观生态规划和设计是运用景观生态学原理、生态经济学及其他相关学科的知识与方法解决景观生态问题的实践活动，是景观生态管理的重要手段，集中体现了景观生态学的应用价值。

城市景观生态规划是 20 世纪 50 年代以来从欧洲及北美景观建筑学中分化出来的综合性应用科学领域，起源于园林设计和景观建筑，是以人为中心，将各种土地利用方式有机结合起来，以构成和谐并且有效的地表空间的人类活动方式。城市景观生态规划尚无确切的定义，但综合国内外学者对城市景观生态规划的理解，其内涵有以下几个方面：①城市景观生态规划是以景观为研究对象的规划活动，其理论涉及景观生态学、地理学、土地科学、环境科学、生态经济学等多种学科，具有高度的综合性。②城市景观生态规划建立在对土地和景观的自然特性、景观生态格局和过程及其与人类活动的关系的充分理解基础之上。③城市景观生态规划的目的是调整或协调土地利用过程中的景观内部结构和生态过程，正确处理土地开发利用与生态、资源开发与保护、经济发展与环境质量的关系，进而改善景观生态系统的整体功能，达到人与自然的和谐。④城市景观生态规划强调立足于当地自然资源与社会经济条件的潜力，形成区域生态环境功能及社会经济功能的协调与互补，同时具有开放性，考虑与更大尺度上景观生态系统的对接与协调。⑤城市景观生态规划侧重于土地资源利用的空间配置和布局。⑥城市景观生态规划不仅协调自然过程，还关注文化和社会经济过程的协调发展。

二　城市生态基础设施规划的发展转向

传统城市规划编制方法已显诸多弊端，需要逆向思维应对变革时代的城市扩张，城市可持续发展之路在于通过"反规划"的理念，建设和规划城市生态基础设施。也就是强调在区域尺度上首先规划和完善非建设用地，设计城市生态基础设施，形成高效维护城市居民生态服务质量、维护土地生态过程的城市生态基础设施发展格局。相较于传统城市规划，城市生态基础设施规划在规划模式、规划方法和规划实施三个方面实现了突破，具体内容如下。

（一）模式转向：从理想到务实

我国传统城市基础设施规划实践之初，大多是继承霍华德"田园城市"的理想空间模式，通过城市生态空间结构型规划来引导城乡建设向可持续、健康的方向发展。这个时期只是对城市基础设施规划布局提出战略控制，多是规划师的一种职业理想，在实际的规划实施中控制效果差。后期演化为杭州、厦门等城市分类控制的方法，但由于分类控制的复杂性以及基础地理信息的不准确性，这种规划实践很难落到管理控制的层面。而生态底线的划定，可以初步建立非建设用地保护框架与规划管理平台。禁限建区规划与综合空间管制型规划一般采用规划导则或图则的形式，进一步细化和落实规划管理控制。从以上分析可以看出，从结构规划到控制图则，我国城市基础设施规划实践经历了从理想模式到现实空间管制需求的演变过程。

（二）方法转向：从单一到多元

城市基础设施规划涉及的问题是复杂、多元的，但过去基础设施规划的技术方法一直比较单一，主要表现在对生态基础设施概念的理解上。过去规划通常将大气、水等视为环境因素，并未将其上升到基础设施的地位，对生态基础设施也被理解成比较单一的绿色空间，忽视其内部的结构要素，这在空间结构型规划方面表现得比较突出。而随着规划技术方法的不断进步，在规划类型上呈现多元化的现象，分类控制型、边界控制型、禁限建区型以及综合空间管制型非建设用地规划开始显现，各自探索的领域也不尽相同。分类控制型规划探索了非建设用地类型划分、控制管理策略等；边界控制型规划则从制度层面明确非建设用地的边界、控制内容、管理程序、矛盾处置方式等；禁限建区规划通过生态叠加分析进行非建设用地重要性评估，以确定保护的级别和重点区域，进而制定规划导则细化管理控制策略；综合空间管制型规划则在分级控制、分区管制、分期实施等方面提出了可操作的方法，变被动保护为主动保护。

（三）实施转向：从形态到政策

早期的城市"绿心"结构、"绿环"结构等，由于缺乏具体的建设和控制边界，导致规划难以实施。分类控制型规划试图通过对空间要素的整合来实现对非建设用地规划管理的控制，但由于部分要素范围的不确定性和管理主体的交互性，这种规划管理难以进行。而边界控制型规划以法定管理程序，明确边界管理主体，建立统一的管理平台，在规划实施管理方面取得了重大突破。而禁限建区规划通过制定覆盖全市范围的限建导则，成为城市生态基础设施规划建设的基础信息平台。综合空间管制型规划协调了管理主体和利益相关者的关系，制定相关激励机制和实施政策，有效控制和利用非建设用地，实现了城市保护与开发统一。

三 城市生态基础设施规划内容

随着人们环境保护意识的增强，城市生态基础设施规划与管理的理论及实践活动在我国积极展开并取得了十分显著的效果。但是，目前许多城市的生态基础设施规划建设不够完善。由于生态基础设施规划与传统城市基础设施规划地位不同，缺乏国家强制力的保障，实际落实的效果就不是很令人满意。

（一）城市生态基础设施规划的历史沿革

城市生态基础设施规划能最大限度上保证城市居民拥有健康的身心和较好的生活环境，发挥能量、物质以及信息交换的最大效用。这些生态优先的理念在城市生态基础设施规划的发展历程中体现出来了。

1. 早期生态思想支撑城市生态基础设施规划

城市生态基础设施规划需要有生态思想的规划方法。其原则与目标是城市土地的持续利用、城市持续发展，这就要求在城市规划、城市土地利用以及城市生态功能区引入生态思维、生态系统理论与方法。

城市建设最初的目的是满足人类的生存和安全需求，具有一定的防御要求。而后，古希腊柏拉图提出"理想国"的设想，空想社会主义提出"乌托邦"、"法郎基"以及"新协和村"等，并进行实践，这些萌芽的生态建设思想和实践使城市产生了规划雏形；英国霍华德的"田园城市"、法国柯布西埃的"光辉城市"、英国恩维的"卧城"、赖特的"广亩城市"等，这些发展中的城市生态建设思想和实践使城市开始考虑满足一定功能需求的城市规划；1969 年 I. L. McHarg 提出"设计遵从自然"的生态规划思想，结合大城市的流域研究，提出城市区域景观设计，并将区域和自然生态环境的关系推到了一个新层次，这是从生态学角度促进城市生态基础设施规划思想走向成熟的标志。

2. 城市生态基础设施规划的历史沿革

工业革命以前：生态观念的自发阶段。工业革命以前人类对于大自然只是单方面的崇拜和顺从。对于城市生态基础设施规划尚未形成理论研究，但仍有相关思想及设计成果。中国古代的思想为"天人合一"，西方的"园林营造"模式多为广场、别墅庄园、城堡庭园等。

工业革命至 20 世纪初：城市生态基础设施规划理论的萌芽阶段。此阶段由于城市整体的布局杂乱不堪，城市环境被严重破坏，疾病在人群中肆虐。这种局面下城市生态环境问题在西方成为关注的焦点。最初的城市生态基础设施规划在 1852 年的巴黎改建中得到充分的体现。1858 年景观之父奥姆斯特德以及沃克斯从生态的角度将自然引入了城市的设计，在美国掀起了城市公园运动。19 世纪中期玛希第一次正式提出，将人类活动与大自然调和从而进行有秩序的规划。同世纪末期生态规划正式产生，以玛希为代表的城市规划人员以及生态学专家的生态基础设施规划行动为标志。

20 世纪初至中叶：城市生态基础设施规划理论的发展阶段。城市化造成生态破坏，社会、自然科学也随之进步，城市生态基础设施规划已有相关理论研究，度过了最初构思以及理论探索阶段。该时期的理论将城市生态基础设施规划推上了首个发展高潮。赖特在 1932 年提出广亩城市思想，芝加哥在 1983 年实施的城市美化运动是城市生态基础设施规划的重大成果，格迪斯在《进化中的城市》一书中提出应根据自然的能力和限度进行规划从而达到与自然相互促进，昂温提出卫星城理论，沙里宁在《城市：它的生长、衰退和未来》中阐述了有机疏散理论。生态学和环境科学的相关理论被大量应用到城市生态基础设施规划中。

20 世纪中叶至今：城市生态基础设施规划理论的成熟阶段。致力于推进规划方法与技术手段研究成为城市生态基础设施规划在这个阶段的研究核心，逐渐系统化，注重与实践的结合，走向了第二个发展高潮。生态学家麦克哈格 1969 在《设计与自然》中提出生态基础设施规划，着重提出城市进程要与自然相协调，之后规划则都以他的理论为先导。联合国教科文组织于 1971 年展开人和生物圈计划，指明城市应该是一个统一的生态系统。之后景观生态理论和生态系统理论频繁地出现在城市生态规划中。怀特将生物多样性、水文以及碳含量等因素的变化量化后制成简明的对照系统以分析人的生态适宜程度。

3. 传统城市基础设施规划中存在的问题

在传统城市基础设施规划中，城市基础设施规划过程通常表现为循序渐进的线性过程：先预测近中远期的城市人口规模；然后根据国家人均用地指标确定用地规模；再依此编制土地利用规划和不同功能区的空间布局①。这一传统途径更多是从社会经济系统发展的需求出发的，而忽视了城市与区域是有机的生态系统。

第一，法定的"红线"明确划定了城市建设边界和各个功能区及地块的边界，甚至连绿地系统也是在划定了城市用地红线之后的专项规划中。它从根本上忽视了大地景观是一个有机的系统，缺乏区域、城市及单元地块之间应有的连续性和整体性。

第二，城市是一个多变的复杂的巨系统，城市用地规模和功能布局所依赖的自变量（如人口）往往难以预测，从而规划总趋于滞后和被动（周干峙，2002；陈秉钊，2002），当然，也有"超前"的规划使大量土地被撂荒。实际上这都导致了城市扩张的无序以及土地资源的浪费。

第三，从本质上讲，传统的城市规划是一个城市建设用地规划，城市的绿地系统和生态环境保护规划事实上是被动的点缀，是后续的和次级的。这使自然过程的连续性和完整性得不到保障。

第四，在传统城市总体规划中，建设用地分类标准来自经验数据，而不是监测或实验数据。因此，城市规划技术规范的局限性常常表现为由经验数据导致规划实施前缺乏可考证性以及规划实施结果难以预知，关于用地规范的实验研究也很缺乏。仅以城市绿地为例，其内容涵括了绿地的类型、功能、面积、人均面积、宽度等内容，从数量上保障了城市居民对于城市绿地的最低需求，却忽略了区域特性、功能连通性、空间易达性等生态功能。

（二）城市生态基础设施规划与传统城市规划的区别

城市生态基础设施系统是城市正常的生产和生活的保证，是物流、人流、能流、信息流等各种生态流的主要载体，通过规划生态城市才得以运转。城市生态基础设施系统运行的效用和效率即各种生态流代谢水平和质量很大程度上反映了城市的生产和生活质量。因此，要了解城市生态基础设施规划与传统城市规划的区别。

---

① 俞孔坚、李迪华著《城市景观之路——与市长们交流》，中国建筑工业出版社，2003。

1. 城市生态基础设施规划与区域规划

20 世纪 80 年代以来，全球化正在导致城市与区域的空间重构。经济全球化和区域经济的发展促使我们考虑超越城市范围的区域生态建设。从区域范围看，城市建设用地只占少部分，但其对自然环境所产生的影响是巨大的、长期的。因而，在城市之间保留大面积的自然生境是维持地球上其他生物活动和维护区域或城市生态平衡以及消减城市自然灾害所必需的。这些自然生境即区域环境的"基质"。城市成为若干"斑块"，"斑块"之间以绿色或生态"廊道"相连，环境"基质"抑制城市"斑块"无序任意蔓延，这应是城市区域的具体景观格局。城市生态基础设施规划，为区域发展规划和城市发展规划提供生态意义上的参考依据。

区域规划一般以区域自然生态体系和区域人文生态体系保障区域生态空间的健康发展，而城市生态基础设施规划是区域规划必须保障的前提条件和基本条件、最低阈限。如区域关键生态系统是否具有完整性和稳定性、生态系统的健康与服务功能是否有可持续性、主要生态过程是否有连续性（有无间断和改变）等于区域战略规划都具有重要影响。例如，珠三角城镇群协调发展规划，以珠江水系为主要骨架，山、河、田、海等自然要素为基本要素，构筑网络型的生态结构，遏制非农建设的无序蔓延，提升区域生态环境品质。

城市生态基础设施规划具体落实到区域空间地域中，还是得依靠"生态线"管制（类于"绿线"管制、"蓝线"管制和"红线"管制）。例如，在珠三角城镇群协调发展行动中实施的"生态线管制"，清晰划定区域生态的空间控制范围、位置，确定区域生态结构的主体。要点包括：对区域珠江三角洲内所有区域生态绿地进行定点、定线，建立界线清晰、永久保持的绿色开敞空间；严格限制区域绿地内的开发建设行为，建立、完善管理办法；向社会公布已经划定的区域绿地，社会公众共同参与、监督区域绿地的保护［珠三角城镇群协调发展规划（2004～2020）］。

2. 城市生态基础设施规划与城市总体规划

城市生态基础设施规划为城市总体规划提供生态支持，保证城市生态建设的生态空间，为城市及其居民提供相应的持续的生态服务，为城市可持续发展提供生态基础支持。城市总体规划以生态城市建设为目标，以生态规划、城市绿地系统规划等相关规划为手段，确定山体、水系、生态廊道、文化遗产等保护措施，将城市生态基础设施建设落实到城市空间地域上。

以城市绿地规划为例，城市生态基础设施规划与城市绿地规划相互影响。城市绿地规划作为城市生态基础设施规划的重要组成部分，要求传统城市绿地系统规划要从城市绿化需求转向生态服务功能需求，从面向形象的城市美化转到面向过程的城市可持续发展，从污染治理的需求上升到人的生理和心理健康需求，从物理空间的需求上升到人的生活质量的需求。城市绿地系统规划既可以充分发挥其生态功能，又能促进城市生态基础设施建设和规划。

城市绿地规划具有防灾减灾和生态修复功能。研究表明，林木、草地具有放氧、吸毒、除尘、杀菌、降低噪音、防风沙、蓄水、保土、调节气候和对城市大气中的一氧化碳、氟化物、臭氧、氯、氨乙烯等有害物质进行吸收和指示监测等作用。因此，城市绿地规划是综合防治环境污染，减少城市灾害最经济、最有效的措施。城市绿地也是避灾减灾的良好场所，地震时可利用树木搭防震棚，同时大片绿地可阻隔火势蔓延，本身还是防火的天然屏障。同时，从加强城市自然生态功能的恢复与维护提高城市生态建设的角度而言，俞孔坚先生从景观战略角度提出的城市生态基础设施就特别注重生态恢复功能；城市绿地系统具有城市森林的生态功能，可从城市绿化、绿化园林和城市森林建设三个层面推动城市生态建设和保障。如上海，为实现"生态城市，绿色上海"目标，将在东南西北四个方向建设四大片城市森林，面积为671平方千米，以营造"城在林中、林在城中、居在绿中"的城市新景象。

城市生态基础设施的前瞻性规划使得城市绿色空间得以保障，以纽约中央公园为例，在中央公园出现的19世纪50年代，纽约等美国的大城市正经历着前所未有的城市化，大量人口涌入城市，经济优先的发展理念，使得公园绿地等公共开敞空间不断被压缩，19世纪初确定的城市格局弊端暴露无遗。从纽约的发展状况来看，像中央公园这样大规模的绿色空间只有在城市化之前预先规划设计甚至建造才可以出现。城市一旦形成，几乎不存在形成大面积绿色空间的可能。同时，绿化建设集天然自然和人工自然生态功能于一体，反过来又改善城市生态建设状况，例如可以有效地防止风沙侵袭、吸附空气尘埃、涵养水源、隔离噪音污染、净化大气质量、调节城区气候、减少"热岛效应"等。

（三）城市生态基础设施规划的主要内容

城市生态基础设施规划将自然、人文资源背景有机地融合在一起，为人类生产和生活提供了生态服务的物质工程设施和公共服务系统，保证了自然和人文生态功能正常运行，保障城市生态基础设施的结构完整性和功能完善性，保证适宜的生态服务用地规模和格局，对于维持城市生态平衡和改善城市环境具有无可替代的重要作用。同时，也为城市生态规划中确定发展空间和保护空间提供了一个坚实的依据，尤其是强调空间落实问题。其主要内容包括城市湿地生态基础设施规划、城市绿地生态基础设施规划和城市生态化基础设施规划。

1. 城市湿地生态基础设施规划

城市湿地生态基础设施主要包括河流、湖泊、水库、坑塘等湿地和水域。具有城市其他生态系统不可替代的多种生态服务功能，如蓄洪防旱、调节径流、降解污染、净化水质、保持生物多样性以及娱乐观赏等，是城市生态基础设施的重要组成部分。

在城市湿地生态基础设施的规划和建设中，要加强湿地与河流之间的联系以及各类湿地之间的整合。河流和湖泊之间的连通能够促进水体内的物质循环、能量流动、信息传递和物种交换，提高水体的自净能力、调蓄能力、纳污能力……有助于保护城市水生生物的多样性，维护水生态系统的完整性。维护合理的水系格局、维系良好的河湖水系连通性是维系流域良性水循环、保障河湖健康、提高水生态修复能力的必然要求，也是增强应对气候变化能力、保障城市水安全及社会经济可持续发展的必然要求（李原园等，2012）。此外，通过有机整合和合理布局不同类型、不同功能的湿地，充分发挥湿地的多种生态系统服务功能，对于有效解决城市水体富营养化、洪涝灾害、生物多样性降低等城市生态环境问题具有重要作用。

2. 城市绿地生态基础设施规划

城市绿地生态基础设施主要包括城市森林、园林绿地、都市农业、绿色廊道、滨水绿地以及立体空间绿化等在内的绿色空间系统。城市绿地生态基础设施，是城市生态基础设施中不可或缺的重要组成部分，具有改善城市空气质量、调节小气候、美化城市景观等多种生态服务功能。

目前，大多数城市的绿化重形式不重功能、重数量不重质量，走入形式化的误区，城市绿地破碎化、单调化日趋严重，生态服务功能明显下降。因此，在城市绿地生态基础设施规划中，应当加强城区内部绿地与外围绿地的联系，使人工绿地与自然绿地相结合，将离散分割的城市绿地通过生态廊道相连接，进而构建完整的绿色空间网络体系。另外，通过下凹式绿地的建设将城市绿地和湿地相结合，变景观绿地为功能绿地，使绿地的功能从单纯怡神悦目的景观功能向涵养水资源、净化水环境、调节微气候的复合生态功能转化。

3. 城市生态化基础设施规划

城市基础设施生态化是指为生活、生产提供服务的各种基础设施向生态型不断发展和完善的过程，包括工程性基础设施生态化及社会性基础设施生态化。而生态性是以可持续发展为目标，以城市生态学为基础，以人与自然的和谐为核心，以现代技术和生态技术为手段，最高效、最少量地使用资源和能源，最大可能地减少对环境的冲击，以营造和谐、健康、舒适的人居环境状态。总体而言，传统基础设施生态化研究包括对基础设施生态化的认识（理论层面）、基础设施生态化程度的评价体系、基础设施生态化规划的导则、基础设施生态化模式、传统基础设施向生态化的转化方式、基础设施生态化规划方法等。

城市生态化基础设施包含内容比较广泛，具有生态功能和生态效益的城市基础设施都可以称为城市生态化基础设施，比如，软化与活化的城市地表、墙面、路面、河床、堤坝等。经过生态化改造之后，城市原来的不透水地表转变为"会呼吸"的铺装表面，避免硬化地表的诸多不利影响，同时也提高了城市土壤存储、调节、过滤和生物质生产等生态服务功能。将硬质的不透水铺装改为透水型铺装，将平面绿化改为立体绿化，从而使传统的给水变为补水（补充循环利用周期损失部分，补齐地下和自然生态占水），传统的排水变为净水和滞水（尽可能净化截留污水，使其回渗到地下），有效地降低城市硬化地表带来的洪涝灾害、热岛效应等负面生态效益，提高城市生态系统服务和人居环境质量。比如，污染物排放口及其周边的生态缓冲带和处置设施的还原净化体系的集成化与生态化，包括污染排放、人工处置系统、自然缓冲系统、循环反馈系统。城市生态化基础设施是一种生态净化、处置、循环、再生的系统，通过人工设施和生态设施的有机结合，达到减量化、无害化、资源化、产业化和社会化。例如，集城市污水、垃圾、粪便、固体和危险废弃物代谢的运输、储存、净化、处理和循环再生于一体的静脉循环系统，将单一污染排放转为生态系统循环，对于减少三废排放量、降低环境污染具有重要意义。再比如，山形水系和交通网络是城市生态系统的骨架和经脉。合理布局、通达顺畅的城市经脉有助于缓解交通堵塞、排水不畅、空气污染等城市生态环境问题。而城市生态化基础设施规划需要从功能上进行调整，打破板结的"大饼"格局，疏浚、活化城市人、物、气、水的流通网络，特别是城区的风道、水道、交通和静脉网线。

案例：绿色（生态）基础设施与地铁的复合规划[①]

通过对地铁与绿色（生态）基础设施的复合规划，能够有效减少城市交通运输带来的污染，同时增大城市绿地面积，进而推动城市的可持续发展。在这个过程中，绿色（生态）基础设施规划与地铁规划是相互促进的，将其结合在一起，能够形成一个互利互助的良好循环。具体方法如下。

（一）污染控制措施

在地铁开发过程中，由于施工规模大、工程量大，加上地下施工的特殊性，会对地下水造成破坏，同时引发噪声、振动、废弃物等环境污染问题，需要施工单位的重视，采取切实可行的措施，对污染进行控制。首先，在地铁开发过程中，必须切实做好水文地质的勘察工作，对线路走向进行合理规划，通过恰当的空间布局，减少地铁施工对于地下水环境的影响和危害。同时，为了能够更加准确地把握地下水的动态变化，应该建立

---

① 田雨灵、张昭雪、李彬等：《绿色基础设施与地铁的复合规划策略探讨》，《北方园艺》2009年12月。

地下水动态监测网络，结合排水系统，对地下水进行监测和管理。其次，对于施工期间出现的三废问题，应该做好相应的施工管理，在施工现场设置相应的隔离措施，对施工过程中产生的废水、废弃物等进行收集和集中处理，减少对于周边环境的污染。然后，地铁运营期间，对于周边环境最大的影响，就是噪声和振动，相关部门应该从其产生的原因出发，对污染进行控制。

（二）生态保护及恢复

地铁施工过程中，不可避免地会对地表生态环境造成一定破坏，影响周边居民的日常生活。因此，做好工程施工现场的生态环境保护和恢复，是需要重点关注的问题。例如，对于一些文物古迹，应该尽可能避开，并做好相应的保护工作，避免施工对其造成影响和破坏；对于一些需要进行砍伐或者迁移的树木，应该上报有关部门进行审批，不能随意进行处理；对于土地的征用，应该严格履行各类用地手续，按照设计划定的施工场地进行施工，减少与周边居民的冲突；应该采用切实可行的措施，对施工现场进行防护，避免出现水土流失的情况；在施工结束后，应该及时对现场进行清理，对植被和绿化进行恢复。

（三）地下轨道与地表绿地的结合

在地铁工程建设完成后，可以在地面上种植绿化带，对地铁工程与地表生态基础设施进行复合规划，对城市交通问题和生态环境问题进行解决。可以将地铁线路对应的地表空间建设为地面交通绿地，作为城市生态基础设施的链接环节，将整个城市的绿地系统连接成一个统一的整体，确保生态基础设施网络能够正常运转，发挥应有的作用。

（四）生态规划设计

1. 地铁生态规划：在对地铁进行规划设计时，不仅需要依照传统的规划原则，确保其符合城市总体规划布局，方便人们出行，实现分流地面交通的效果，还应该从可持续发展理念出发，做好相应的生态规划设计。在地铁规划中，应该切实做好地质勘查工作，结合勘察结果，选择合理的空间布局，尽可能减少地铁建设对于生态环境的影响；应该重视土地资源的开发和利用，减少土地浪费，注重生态环境的保护；应该引入动态规划原则，充分考虑地铁的后续发展，预留出足够的空间，以方便地铁的辐射和延伸，实现生态、社会和经济效益的最大化。

2. 绿色（生态）基础设施生态规划：地铁工程所对应的地面生态基础设施，除了少数的广场和公园绿地以外，一般都是道路绿化带，虽然占地面积较小，但是作为生态基础设施的链接环节，在城市生态规划中发挥着重要的作用，应该得到足够的重视。针对当前道路绿化率低、形式相对单一的问题，在对道路绿化带进行规划时，应该建设更加宽阔的通道防护林带，以及相对完整的绿色生态防护工程。同时，绿色通道的建设应该以乡土树种为主，注重植物的多样性和层次性，在充分保证成活率和美观性的基础上，突出其生态效益。另外，应该在城市主干道两侧或者交通流量较小的区域，建设绿色步行道和非机动车道，这样，不仅能够为非机动车和步行者提供一个安全、舒适的通道，鼓励人们绿色出行，在减少污染的同时，也可以化解城市交通压力。

由此可见，城市生态基础设施各要素之间不是孤立存在的，而是通过相互联系、有机整合发挥其更高效、更多元的生态功能。由此，各要素的统一规划、设计、施工和管理对于城市生态基础设施的整合显得尤为重要。比如，水污染问题是我国许多城市面临的最紧迫的环境难题。水污染的源头一般可分为点源、面源、内源和外源。点源即工厂和居民排放的废水。面源，是雨水冲刷房顶、路面带来的污染。内源，就是河流自身的污染，比如河涌底泥多年积累，在一定的温度情况下会发生反应造成自体污染。外源就是外部污染，比如，上游的污染等。这几种污染源中，点源有环保部门监管，内源有定时的清淤，而面源则基本无人监管。以天津市水污染治理为例，河水的污染98%来自外源污染，其中面源污染占71%，是城市污染的主要源头。在城市生态基础设施规划中，通过分析城市面源污染的来源和形成机制，提出活化城市地表、面源入土不入河、废物生态排放等生态修复的新理念，通过恢复城市湿地的生态功能，变死水为活水，增强天津城市湿地的调蓄净化能力；增强的城市地表的渗透能力，变硬化为软化，增强土壤的自然净化能力；同时使城市脉（河道）通畅、流动，并在排放口周围设置一定的自然缓冲净化地带等一系列的生态工程措施，大幅度削减面源污染，保证入河水质全面达标。

四 城市生态基础设施规划范式和过程

城市生态基础设施规划是遵循生态学和城市规划学有关理论和方法，对城市生态基础设施系统的各项开发与建设做出科学合理的决策，从而调控城市居民与城市环境的关系。也就是运用系统分析手段，城市生态学、生态经济学知识和各种社会、自然的信息与规律，来规划、调节城市各种复杂的系统关系，在现有条件下寻找扩大效益、减少风险的可行性对策而进行的规划。城市生态基础设施规划的范式和过程，也就是指城市生态基础设施建设规划的目标、基本原则和基本步骤或规划过程。

（一）城市生态基础设施规划的目标

城市生态基础设施规划是以土地利用规划、城市总体规划和城市绿地系统规划为依据，在城市各项具体规划的基础上衍生而来的，与传统的城市规划处于并行的关系，以弥补传统规划中仅针对建设用地进行控制的片面性管理。该规划是依照城市生态基础设施规划编制办法编制的专项规划，如风景名胜区规划、森林公园规划和自然保护区规划等。该类专项规划直接纳入生态基础设施的控制性管理中。

城市生态基础设施规划主要针对的对象是城市非建设区内的农地、林地还有湖泊和湿地，农业、林业。有学者认为，城市生态基础设施不仅是城市人居环境的生态底线，城市休闲生活的重要资源，更是城市重大公共服务设施或重大功能调配的战略储备资源，城市公共安全防护和紧急避难资源。从这个意义来说，城市生态基础设施规划控制的不仅是生态资源，也是以生态为主导的综合性战略资源。因此，城市生态基础设施规划是与可持续发展概念相适应的一种规划方法，其目标是：①有效保护环境资源及其生态资源；②落实上层次规划的生态格局、景观控制要求等，详细划定各类非建设用地的控制指标和其他管理要素，拓展城市控规的深度和广度；③协调生态环境保护与建设关系，合理开发土地，以生态优先的理念推动规划的实施。

以东部伦敦绿网规划为例，规划之初就明确希望达成的设计目标：第一，保护并协调伦敦自然绿色区域和城市开放空间之间的联系，增强城市与绿地之间的融合关系；第二，增强城市基础设施和绿色空间的结合途径，加大城市人行道、自行车道等慢行系统的建设力度；第三，保证城市生态的多样性和多功能性，提高城市应对环境气候挑战的能力。

以佛罗里达生态基础设施为例，其目标是保护自然系统和使人类获益，因此州际范围内的生态元素被分为两类：自然景观和人为的景观。首先考虑生态保护和建设的特征将对未来生态网络的规划产生深远的影响，包括影响到城市生态基础设施的侧重点和提供的效益类型。

（二）城市生态基础设施规划的原则

多学科综合原则、生态网络化原则、跨区域整合原则、多尺度原则以及多方利益主体原则等是城市生态基础设施规划秉承的主要原则，并整合了景观生态学、保护生物学、城市和地区规划、地理学和土木工程学等多个学科门类，是一项精细复杂的工作。其中，景观生态学是一种能够开放认知各相关学科并应对社会－经济进程的方法①，对城市生态基础设施规划的推动至关重要。综合国外实践经验，城市生态基础设施规划要点包括以下几点。

1. 消极保护和积极发展相结合，互相促进

传统生态保护的概念常给人留下贫困和落后的印象，在经济爆发式发展的阶段，生态保护的目标往往象征着城市环境治理的负担、基础设施建设的障碍、城市扩张的难题、经济发展的软肋等，人们"谈生态而色变"。尽管对于生态保护的概念、目标和意义熟知于心，但政府部门作为生态环境保护和建设的唯一主体，往往无力承担起大规模的生态保护责任，而生态效益的隐性化也导致城市政府对生态保护的积极性不高。

城市生态基础设施则提供了一种生态保护的新理念，提倡在应对生态保护问题时，不仅将其作为维护人类基本生存环境的一种生态资产，同时将其作为支撑社会经济增长的"基础设施"的一部分，在可进行低强度开发的区域，根据其生态资产特质，发展其能够提供的功能和效益；反过

---

① Richard T. T. Forman. *Land Mosaics*. Cambridge：Cambridge University Press，1995.

来，为了其功能和效益发挥的最大化，地区利益主体必将对其生态进行等值的修复和建设，最终促进生态环境在发展中保护、在保护中发展的良性循环，使自然资源保护主义者和土地开发者都能够认同并接受。

2. 规划先于发展

绿色空间在过去的很多规划中被当成未利用地进行处理，尽管国家法令对各类生态资源有一系列的保护性规范，但由于缺乏有针对性的空间规划和功能的支撑，往往导致生态保护在面对经济发展、城市扩张时常处于被动状态。

城市生态基础设施规划的思想内核即要综合社会、经济、生态各方面的利益，在现有和将来的可用土地上分别辨识适合进行保护和发展的土地，在明确保护边界的同时，最大限度地促进隐性资源的开发和利用，发掘特定空间下绿色资产的经济、社会功能和效益，使规划编制在新的发展还没有分配和占用土地之前完成。这不仅可以及早保护土地资源和绿色空间、减少重要自然生态系统被城市化过程侵蚀的危险，也可为新发展的布局草拟框架，从而为土地的保护和开发提供了一个非常有效的解决途径。

由此可见，城市生态基础设施需要的是体系性的规划、前瞻性的建设维护以及主动性的保护和利用。城市生态基础设施基于低碳、生态与和谐的规划设计理念，不仅要加强战略层面的主动性规划，城市产业、交通、城区等规划应该与绿色基础设施相配套，强调增加绿地和提高绿化覆盖率来拓展城市绿化空间，提高城市环境承载力，促进城市人口、资源与环境协调发展，还要强调城市生态基础设施布局对城市自然环境的修复功能，寻求经济建设与环境保护的平衡点，构建城市建筑、人口、产业扩张与自然环境相互联系的绿色空间网络，通过更多的绿道、湿地、森林、乡土植被等，构建更加绿色宜居的城市空间。城市生态基础设施规划应该先于其他专项规划，扩大城市生态基础设施的空间，为促进人口、资源与环境协调发展服务。

3. 注重尺度的分类和协调

城市生态基础设施规划通常涉及跨区域协调等复杂问题，并且常与地区的经济增长计划相联系，从而使得不同地域尺度所关注的生态基础设施从规模、等级和类别上有所差异。基于此，在生态基础设施规划之前通常需要对其景观尺度进行解析，确定适合本次规划尺度的生态基础设施类型。如英国西北部地区在编制生态基础设施导则时，即将其尺度类型从小到大依次分为社区尺度、县域/城市尺度、城市区域尺度和战略尺度4级，并对不同空间尺度规划中需要重点关注的城市生态基础设施类别、要解决的主要问题以及方案编制深度做出了诠释。

建立多尺度、多元参与的绿地系统规划体系，根据区域尺度、城市尺度、分区尺度、功能尺度等不同，设定城市生态基础设施规划目标和战略重点，加强各类规划的统筹协调，突出城市绿化和城市生态基础设施建设规划在其他规划中的引领作用和统筹作用。改变传统的高碳排放、粗放发展的城市"摊大饼"模式，优先考虑多尺度的绿地系统规划，与主体性规划相协调，重视城市生态基础设施不同尺度的规划，将城市生态基础设施建设与其他规划高度统一起来，并强制性地规定城市建筑的容积率限制及其绿化覆盖率目标的实现，重视绿色建筑、空中花园、绿色社区等建设。

4. 注重多重功能和效益的发挥

城市生态基础设施规划强调绿色资产多重功能和效益的发掘和提炼，以达到生态保护和发展相互协调与促进的目的。Kambites 和 Owen 从休闲、教育、生态、景观等方面概括了生态基础设施的 12 项社会、生态和经济效益。ECOTEC 将城市生态基础设施投资能够生成的经济效益概括为直接经济效益、间接经济效益、公共和私人部门直接的费用支出缩减以及降低管理风险四大类，更将其与效益相对应的功能概括为缓解气候变化、缓解洪水灾害和水患管理、空间质量、健康和福利、土地和不动产价值、经济增长与投资、劳动效率、旅游观光、娱乐休闲、土地与生物多样性和土地与财产价值等 11 个方面。通过对城市生态基础设施功能的辨识和生态效益的价值核算，归纳城市生态基础设施在维持生态系统平衡、增进社会和谐、促进经济发展方面的潜在价值，为城市生态基础设施规划提供方向指引。

城市生态基础设施是城市的"绿肺"，要从城市系统功能的角度，重视城市生态基础设施的功能复合，不仅强调绿地增加，还要强调分散绿地的保护和连接，构建网络型、系统的、完整的园林绿化，为市民提供休闲、健身和审美等多方面的功能。同时，重视对自然区域生物性、多样性的保护，避免生态环境的破坏。绿色基础设施体系主要由网络中心、连接廊道与小型场地组成，城市生态基础设施的构成内容并非单一的绿色空间，河流与雪山等自然环境同样有助于城市生态基础设施体系的构建。因此，要高度重视城市生态基础设施的功能复合，避免单一尺度的绿色建设，应考虑差异化和特色化。建设城市生态基础设施时应考虑不同地区的地域特色，因地制宜，还应注意城乡生态基础建设的区别化，满足不同居民的差异需求，促进市民对城市生态基础设施的认同和归属感，增强其支持和参与绿色基础设施建设的动力，提高对城市生态基础设施建设的认识程度和发展水平。

5. 网络化构建，实现"通道"联系和"孤岛"衔接

设立区域自然保护区，将敏感的生态环境隔离起来进行保护的操作方式早已被众多生态学家所批判。为了减少城市绿地的破碎化，生态学家和生物保护学家开始提倡通过规划和发展生态廊道来维持和增加绿地的连接。在景观尺度，生境的空间组成和分布决定着物种的分布和迁移，连接的绿地斑块可以促进基因流动、协助物种迁移，对于种群的发育起着至关重要的作用，因此建立和维持绿地斑块之间的连接，发展综合的绿地生态网络对于生物多样性的保护将起着重要的作用。生态基础设施规划正是借助于该思想内核，使绿色资产发挥"网"的整体生态作用。

6. 强调多方参与，注重协调生态保护与利益攸关方之间的矛盾，强调实施可行性

生态效益具有很强的外部性，从普通民众到投资者到政府部门，都有可能是生态基础设施的利益相关主体。其保护和建设在大部分情况下属于公共投资，在市场经济的客观规律作用下，限于政府的公共投资能力，生态建设极容易遭受市场经济的排挤。

城市生态基础设施规划的编制过程非常强调官方、非官方组织以及民众的参与，强调其对实现绿色资产功能和效益所需依托的公众支持和社会资本的考量，并将其贯穿到整个规划过程中，作为确定规划方向和目标的重要依据之一。英国西北部地区在编制生态基础设施规划导则之初便首先明确其开发合作伙伴，以强调其对最主要投资者利益的协调，并对地方公共利益进行评估，最大限度把握公众利益，减小实施阻力。为进一步保障规划实施的可操作性，该地区所提出的干预性计划中，囊括了政策、经济等多方面的措施，如区域之间合作机制的建立、基金债券等资金筹集方式的提供等。

（三）城市生态基础设施规划的步骤

第一步：城市生态基础设施规划的特征表述。

城市生态基础设施的要素都可以从空间结构特征上归结为生态斑块、生态廊道和生态保护中心等成分，城市生态基础设施的整体结构或格局，就是这些不同属性的生态斑块和生态廊道在不同性质的生态基础设施中的具体分布模式。而城市生态基础设施功能主要体现在物质、能量、物种、人口、信息等主要功能流的特点上。因此，可以从整体、结构成分和格局对各种功能流的影响，来确定城市生态基础设施规划的合理性。结合城市生态基础设施要素的属性，针对生态斑块和生态廊道的空间特征，及其在整体中的空间配置，探讨它们对生态基础设施整体生态过程的控制和影响机制，可以为城市生态基础设施规划提供重要的理论依据。

首先，关于城市生态基础设施中生态斑块和源的识别。识别对于城市生态基础设施建设至关重要的山、林、海洋、湖库湿地等自然生态斑块，以及各主要的城市人工生态斑块（建成区），并提取景观和生态安全格局的源。如生物的栖息地作为生物物种扩散和动物活动过程的源，河流作为洪水过程的源，文化遗产地作为乡土文化景观保护和体验的源，游览步道和观景点作为视觉感知过程的源，这部分的内容主要通过资源现状分布和土地的生态适宜性分析来确定。

其次，关于城市生态基础设施中生态廊道与辐射道的识别。识别现有的河流、道路及其绿化隔离带，以及城市组团隔离带等重要的城市生态廊道，构建区域生态安全的辐射道，与斑块和源一起组成区域生态安全格局网络。对于破碎化景观，进行景观重建的关键途径是在景观碎片周围提供缓冲区和建立廊道，增强生态基础设施的连通性。与整个地区的景观格局相配合，选择通道位置，创造最有效的景观连接，提供更多的栖息地。

　　最后，关于城市生态基础设施中生态脆弱单元的识别。以城市生态基础设施单元空间结构的调整和重新构建为基本手段，目的是改善胁迫或被破坏土地生态系统的功能，提高其整体生产力和稳定性；将人类活动对景观演变的影响导向良性循环。建立生态斑块，在距离较远的生态斑块之间，或在城市中心地带，通过填充空隙来增强生态基础设施的连通性，建立林地或湿地等栖息地的"跳板"来完善整体景观结构。在生物流的关键部位引入或恢复乡土生态斑块，通过退化生态景观重建和恢复来扩大栖息地。

　　第二步：城市生态基础设施规划的过程分析。

　　分别剖析出同本区域有着非常密切的关系的三个过程，目的是通过这些过程，建立防止或促进这些过程的城市生态基础设施格局。分析的重点是评价现状城市生态基础设施具有的优势和不足，即是否有利于或有害于城市总体规划，特别是由人为干扰形成的生态服务功能的状况。从本质上说，此三种过程都隶属于生态系统的服务功能，主要有[①]：①自然过程，海潮过程，泌水过程；②生物过程，动物的迁徙和居住过程；③人文过程，保护历史文化遗产、市民的游路以及通勤过程，对景观的感知和对其的体验过程。

　　第三步：城市生态基础设施规划的过程。

　　对城市生态基础设施规划过程中的生态绿色理念的实施，体现在具体的规划和改善的措施程序上。按照不同等级的估计和不同的安全级别，对所有的自然资源进行评判性的估计，或者是空间安排，以此来决定它们的位置安排和地理设计。要保证在相当程度的自然灾害面前，维护森林公园资源以及规划的安全性，尤其是它的湿地，针对湿地面积、分布状况形成的特殊空间关系，要保证在不受到淹没的危险等方面进行探究。同时规划设计随着具体状况变化而变化。要注重采用微观角度进行分析，保证公园的自然生态的艺术性，同时在解决同一问题的过程中，尽可能多地提供有效方案。具体来说，针对城市生态基础设施的设计方案是不断变化改善的

---

①　余本锋、高兴荣：《安源国家森林公园总体规划构想》，《福建林业科技》2006年第2期。

过程。相对应的各式各样的景观过程的安全布局，是建设区域生态基础设施的最为基本的组成部分。有机地结合不同安全水平的过程以及景观安全布局，使更多可供选择的综合性的景观安全布局可以提出，这就是居于不一样的安全水平之上的保障不断地提供生态服务以及景观区域生态安全的城市生态基础设施。再深层次的工作则涵盖了将与其相对应的规划设计的原则包含进去，从而保证不同尺度城市生态基础设施的实施。

第四步：编制城市生态基础设施建设的优化导则

在对城市生态安全格局进行整合后，为了保证以上分析成果的指导性和可实施性，还应该制定相应的格局优化导则。内容包括制定相应的保护和管理措施与手段，制定保障实现城市安全格局优化的具体的定量定型原则。从而为进一步的城市改变提供指导，以保障城市生态安全格局的优化。

（四）中新生态城生态基础设施规划

由于中新生态城生态基础设施规划，首先需要解决的问题是自然原生态保护的问题，区域内生态基础设施规划区涉及的环境敏感生态节点主要包括七里海湿地保护区、蓟运河河口鸟类迁徙地、典型盐生植被保护和天津古海岸贝壳堤自然保护区。要体现生态城生态基础设施的人与自然和谐原则，就必须解决好以上的原生态保护问题。

1. 中心生态城市生态基础设施状况

（1）中新天津生态城规划区地处蓟运河、永定新河汇流入海口的东北部，距海岸线不足 1km，为海积低平原区。其中，七里海湿地是该区域主要的生态系统类型，规划区内及周边区域分布着众多的水塘、水库、洼淀以及盐池、滩涂等多种湿地类型，水面面积占比高，目前受开发扰动较少，西北方向 35km 处为中国北方面积最大的古潟湖湿地系统——七里海湿地。

（2）该地是亚洲东部候鸟南北迁徙的重要停歇地，在此停留的水鸟不仅种类多而且种群数量相当可观。每年春秋都有大批水鸟途经本地并在此停歇，一些种类还选择此地作为繁殖地和越冬地，如大白鹭、草鹭、黑翅长脚鹬、黑尾塍鹬、白翅浮鸥等，灰鹤、苍鹭以及多种雁鸭类则在此地越冬。据调查，该区域共有鸟类 180 多种，其中属国家 I 级保护鸟类的有黑鹳、白鹤、大鸨、遗鸥等，属国家 II 级保护鸟类的有海鸬鹚、白额雁、灰鹤、蓑羽鹤、红隼、红脚隼、白腹鹞、白尾鹞、鹊鹞、雀鹰、普通鵟、大鵟、短耳鸮等。

（3）规划区内植物种类较为贫乏，没有乔木植物群落，主要以盐沼植物群落为主，以盐地碱蓬、灰绿藜、碱莞等为代表植物，积水洼地和古河道四周多为芦苇群落，常有香蒲伴生。总体上，该地区植被覆盖度不高，生物多样性较低。但盐生植被是该区域典型的原生植被，是一种特殊的适应于土壤高盐浓度环境的植物类型，对裸地的改造起了土壤脱盐，积累土壤有机质的作用。规划实施后势必会在一定程度上对原生盐生植被造成破坏，规划中如何保护典型地段的盐生植被是需要关注的问题。

（4）规划区外东南侧蛏头沽村则是世界三大贝壳堤之一——天津古海岸贝壳堤第一堤的起点，保有珍贵的自然遗迹，具有较高的科研价值，已于 1992 年被列为国家级自然保护区。

2. 中新生态城生态基础设施系统结构与功能改变问题

中新生态城区的用地主要由芦苇群落、农田（主要是葡萄园）、水库、河流、养殖塘、盐田、半荒地和村庄构成，主要为湿地生态系统。而规划区建成后该地区将变为一个以居住为主并辅以第三产业的城市生态系统。规划区将由基本的自然生态系统大部分转变为人工生态系统。

（1）地表覆盖层改变。生态城生态基础设施建设过程中，以水泥、瓷砖、大理石和抛光花岗岩铺地，将不可避免地增加对地表的覆盖，固化地表，使规划区内原有可渗透的原始地表覆盖层的相当一部分变为不可渗透的人工地面。地表覆盖层的这种改变会阻断地表雨水下渗通道，引起阴雨天气地表积水和地下水补给减少，导致水资源浪费和水资源短缺。

（2）生态系统结构改变。目前，规划区范围内的常住人口以现存的三个村庄为主，密度不大；而生态城生态基础设施建成后，根据规划 2020 年达到 35 万人。规划就业岗位容量为 21 万人，人口数量和人口密度大大增加，将会导致区域的生态系统结构发生根本性的改变，同时人类活动对保留自然生态系统的干扰大大增加。

规划区现在以湿地生态系统为主，伴有部分农业、渔业生态系统，具有生态学意义上的"生产者"、"消费者"和"分解者",即生态系统的能流和物流是自我循环的,具有完整的生态功能。生态城生态基础设施建成后,该区域将转变为一个城市生态系统,"生产者"、"消费者"和"分解者",发生很大变化。各种原材料等物质输入,电能、天然气、煤炭等能量输入,以及各种工业产品、人类消费产生的垃圾等物质输出都将大大增加,将原来的能流和物流过程完全改变,所有的过程由人类控制,产生的各种生活垃圾、生活污水不能由自然过程消解,必须由专门的处理设施进行处理,能量的消耗大大增加。

目前规划范围内,大量的水面构成了网络结构的天津湿地生态系统,植被以芦苇等野生植物为主;而生态城生态基础设施建成后,农田、盐田、水塘等大量消失,人工栽培的花草树木大量增多,植被构成和功能会发生比较大的变化,由原来的湿地和农业经济功能为主转变为美化环境、陶冶情操和改善小气候等生态功能为主。

生态城生态基础设施规划方案实施后,除保留汉沽污水库和蓟运河故道外,规划区内较大面积的养殖塘和盐田将被占用,湿地面积大大减少,湿地面积的减少对湿地生态系统会产生较大的影响,将导致生态功能和结构的退化。目前规划区域内存在三片面积较大且连续的鱼虾养殖塘,规划实施后,鱼塘将全部消失,会对养殖户造成较大的经济损失,同时人工养殖鱼类物种将消失。从现状调查来看,区内没有珍稀动物,动物主要以鸟类和昆虫为主。产业区的建设活动将占用规划用地内的养殖塘和盐田,影响水生生态系统。生活在湿地的一些鸟类和两栖动物会失去赖以生存繁衍的生态系统而死亡或迁徙,给保留下来的湿地生态系统造成生境竞争压力。施工还会造成水文条件的变化、河势的变化,均会对水生生物的生存环境造成影响。

(3)生物多样性保护问题。目前规划范围内,植被以芦苇和杂草为主,绿化木本植物只有零星分布的榆树和柳树两种,经实地调查,规划区内野生植物分布于21个科,占天津的14.1%。规划区内污水库湖滨灌木草本植物群落的香农多样性指数为2.14,辛普森多样性指数为0.86。与天津其他地区植被多样性指数相比较低,如:蓟县盘山地区灌木、草本群落的香农多样性指数约为2.41~2.51,辛普森多样性指数约为 0.87~0.9，可见，此地植物种类较为贫乏。水生植物、水生动物的生物量和物种多样性都很低。生态城建成后，耕地将消失，人工栽培的花草树木数量将大大增加，植被构成和功能会发生很大变化，由原来的湿地植物和农业经济功能为主转变为美化环境、陶冶情操和改善小气候等生态功能为主。

根据规划，汉沽污水库将保留并进行水质治理，建设生态型河岸，并在河流两侧构建足够宽的生态廊道，因此可以预测，随着污水库和蓟运河故道水质的改善，生物的生境质量将大大提高，水生生物和湿地植物的多样性将会提高。同时，由于大量人工绿地的建设，种类丰富的绿化植物被种植，因此，随着生态城的建设，规划区内的生物多样性将会大大增加，对整个区域来说，生态城的生态基础设施建设将对生物多样性产生有利影响。

第七章　城市生态基础设施管理

城市生态基础设施是一项长期战略，和其他基础设施（如公路、铁路、管道等）一样，也需要建设、管理和维护。有许多因素都会影响城市生态基础设施的安全和健康，比如，人工的过度使用、污水灌溉、自然灾害等，此外土地特征及其健康也会随着时间变化而影响到城市生态基础设施。因为城市生态基础设施是一类集多种要素于一体的综合性基础支撑体系，它涵盖山、水、林、田、湖等自然要素和交通、市政设施等人工要素。所以，城市生态基础设施的管理必须首先破解现行条块分割的管理体制和模式，避免职能交叉、管制空白等问题，从分割走向整合、从分隔走向联动、从单一的部门管制转向综合性的整体调控。在城市生态基础设施生态管理中有必要引入专门的管理机构，对城市生态基础设施的设计、建设、运行、维护等各个环节进行监督和管理，以保障整个系统结构和功能的完整性。

一　城市生态基础设施建设与管理范畴

管理的关键是可持续发展。其理念是保护我们所关心的自然资源，让城市变得更大、更美、更繁荣。近年来，可持续发展已经成为管理自然资源的一个明确目标，实际上，管理战略或具体策略总是使短期利益和经济利益最大化，而非长期的可持续发展。城市生态基础设施与可持续发展的含义一样，都包含一种未来指向，即现在的行为不应剥夺子孙后代的资源和权利。城市生态基础设施的管理包括：自然保护、修复，通过有意识的行动（或简单的观测）来丰富景观资源，使得未来景观功能和现在一样，甚至比现在更好。这种策略的关键是确定管理战略在未来什么时候有效，制定计划跟踪评价管理方法的有效性。

（一） 城市生态基础设施管理的必要性

城市生态基础设施是一项长期的、系统的、复杂的战略，如何让理论上规划的成为现实的，是城市生态基础设施规划管理的关键环境。也就是说，城市生态基础设施规划制定后，还有大量后期的管理和维护，而管理和维护往往决定了城市生态基础设施建设的成败。土地资源管理在人类社会发展中有着悠久的历史，但往往土地所有者和政策制定者为了眼前的利益或近期目的而采取相应的管理措施，其影响是难以预料的。比如，为了解决特定某种环境问题而引入外来的动物或植物物种，往往会带来物种入侵的灾害，破坏本土自然栖息地。因此，必须采取全面而系统的生态方法，将自然资源作为一个相互联系的整体来看待，从而综合地管理土地和水资源，而不局限于单独用地、物种或元素。

城市生态基础设施的管理不仅涉及区域，还涉及各层级政府和部门之间的协作配合；当然，也离不开公众的参与。具体到个人，可以影响我们对待自身生活环境的态度。这些都对自然环境有着重要影响。制定完善的管理与维护体系有利于城市生态基础设施规划设计后项目的落实，以长久的方式保护规划设计的成果，保护后代人的使用权益。

（二） 城市生态基础设施管理的目标

城市生态基础设施体系中的许多要素没有一个指定的管理或者修复者。因此，城市生态基础设施管理要求有一定的灵活性。同时，由于城市生态基础设施网络的构建会涉及政策、规划以及工程建设等方面的问题。此外，城市总体规划目标可能与城市生态基础设施管理目标不一致，因此，管理目标需要考虑多种利益主体的需求，因为他们会影响城市生态基础设施未来的建设和实施；因为不同的利益主体在城市总体建设和发展中有着不同的目标和要求，关键是，如何在生态网络的整体管理目标和城市总体规划目标中寻求到平衡点。

　　为了确保城市生态基础设施中心控制区、连接场地的生态稳定性，通常要在规划、建设、管理与维护的各个阶段就弄清城市生态基础设施的管理目标。其中最为关键的就是生态基础设施项目的计划、构想、设计等需要获得政府和公众的支持，这种支持是实现管理目标的必要保证。

　　城市生态基础设施管理必须平衡不同方面，这些平衡不仅反映在采取何种行动上，也表现在想要的结果上。通俗地讲，城市生态基础设施的管理是从问"为什么"开始工作的，主要包括：为什么要对城市生态基础设施进行管理？其重点是什么？怎样保护生物多样性或者动物的栖息地，怎样保护地下或地表水资源，怎样支持自然游憩功能，怎样维持以自然资源为基础的工业，怎样实现传统基础设施的生态化建设……这些问题都可能是城市生态基础设施管理的目标。在一定程度上，城市生态基础设施建设体系的管理目标就是维持、加强或是恢复景观功能和自然的生物多样性。这也是在制定管理目标时要考虑的基本问题。当然，允许相适宜的人类活动，例如室外游憩、农业、林业，也可以成为城市生态基础设施建设体系中的一些要素的管理方法，但它们不是整个体系建设网络系统的管理策略。

　　在制定城市生态基础设施管理目标时，不能忽视生态基础设施建设体系的生态网络目标。从城市生态基础设施管理的视角看，连通性、网络化、绿色化、大型无破碎是关键因素。当自然面临人为的破坏时，连接在一起的大型绿色生态网络能更好地维护自然过程。这种过程能使特定区域达到生态更健康、生物更加多样化、生态服务更加稳定。这些对城市生态系统内部的动植物，以及人类的生产和生活环境都有很大的益处。

　　总之，城市生态基础设施管理的目标应该充分体现出自然景观的连通性（尽量减少生态的破碎化）和毗邻度（尽可能地减少不均衡度）。同时，还要积极提升公众对城市生态基础设施体系建设的认知度、参与度、认同感、归属感和责任感。

（三）城市生态基础设施管理原则

　　城市生态基础设施的网状结构，决定了其管理必定打破传统条块分割的情况，加强横向联系，建立起网络组织管理结构，实现网络式管理。为了进行科学管理，必须制定相应的管理原则和方法，以确保城市生态基础设施充分发挥各种功能，满足人民物质和生活的多种需要，实现城市的可持续发展。城市生态基础设施管理原则，就是在对城市生态基础设施进行管理时所必须遵守的行为准则与规范。尽管每个城市在实现生态化的进程中各自的条件、实现的目标、发展模式不一，但总体来说必须共同遵守以下一些基本原则。

1. 最大限度满足公众需要的原则

这是城市生态基础设施建设的根本目的。这里所谓的最大限度，是指在当前经济条件尤其是当前生产力条件下能够满足公众需要的最大限度。为城市居民创造合理、美好的生活和工作环境，是每一个城市发展中应追求的目标。要处理好发展与资源环境承载力的关系，促进人与自然和谐发展。在满足人们日益增长的物质文化需求的同时，一定要适应生态城市建设进程中的不同情况，既注意市民生活质量的提高，又不诱导居民超前消费、盲目消费，减少对生态环境的破坏。

2. 统一规划、统一投资、统一建设、统一管理的原则

城市生态基础设施是一个完整的系统，只有在城市管理者和决策者的统一规划指导下，各行各业之间才能合理布局，合理投资建设。历史已经证明，计划经济时期条块分割的管理体制，割断了城市各部门之间的有机联系，各自为政，造成重复建设。同时，只考虑局部合理，而违背了城市的本质就是社会化的原理，会阻碍城市和现代化发展。日益加快的现代化步伐使得我国城市生态基础设施管理体制处于新旧两种体制转换时期，生态基础设施管理必须从过去的分割局面转到统一规划、投资、建设及管理的轨道上来。

3. 追求综合效益原则

即指经济效益、社会效益和环境效益三者统一、相互促进的原则。坚持追求综合效益原则就是要从城市总体战略目标出发，对经济活动、社会活动、环境条件做全面的综合的规划管理，以使生态社会效益、经济效益、环境效益得到协调发展。高度的社会化生产没有相互配套的基础设施不行，高标准的基础设施没有高质量的空间环境也不行。在城市生态基础设施建设与管理中，一定要兼顾三方的利益，取得最佳综合效益。考核城市效益的指标也不应是单纯从经济上做投入产出分析，而应是深层次、系统化、多向度的目标体系，促使城市的经济建设、文化建设、环境保护协调发展。

4. 实行因地制宜的原则

不同的城市自然条件与发展方向不同，其功能也不一样。不同特征的城市，在城市生态基础设施规划、建设及管理中都应有所区别，而不能脱离实际，实施教条式管理。城市生态基础设施系统要从整体着眼，把握城市生态基础设施的整体特性，构建城市生态基础设施管理系统。要在管理各子系统之间构建支配与从属、策动与响应、决策与执行、控制与反馈、催化与被催化等一系列不对称关系，并科学地划定这些关系比例，使之综合作用，主动协调生态城市系统各要素与系统及要素之间的相互关系，统筹兼顾，做到局部服从整体、整体效益最优。

5. 动态性原则

城市生态基础设施是一个非平衡的、动态的发展系统，必须从系统外不断输入负熵流，才能维持它的相对稳定状态。构建城市生态基础设施管理系统要充分研究并掌握生态城市的运动规律，城市生态基础设施管理系统既要适应生态城市的发展，又要调节、控制和引导城市生态基础设施的发展，保证城市生态基础设施在发展中不断地根据外界条件进行相应的优化调整。同时，城市生态基础设施要与外界不断交流物质、能量和信息才能维持其生命。生态城市管理系统同生态城市一样是一个开放的系统，要保持自身的活力就要对外开放，为负熵流的引入创造通畅的渠道。

二 政府、公众及社会组织等在城市生态基础设施管理中的地位和作用

城市是以人为主体的社会—经济—自然的复合生态系统（马世骏和王如松，2004）。城市生态基础设施的复合生态管理需要从生态规划、生态工程建设和生态管理等层面出发，采取有效的适应性管理方法，使得城市生态基础设施结构得以完善，功能进一步提高，进而提高城市生态系统服务和人居生活品质。有效的城市生态基础设施管理离不开良好的管理体

制。城市生态基础设施建设需要探索适应城市生态基础设施发展的管理体制。我们既要重视发挥政府在城市管理中的主导地位，又要充分发挥社区、社会中介组织、社会团体、企业等社会组织的作用。

（一）政府在城市生态基础设施管理中的地位与作用

在城市生态基础设施管理系统中，政府组织是城市生态基础设施的代表和主导，处于城市生态基础设施管理系统的中心位置，是城市生态基础设施管理不可替代的组织者和指挥者。

1. 政府组织的特点

（1）公共权威性。政府组织是带有公共权威性质的国家行政机关，国家行政权力只能由行政机关来行使。政府通过依法制定行政规章，发布行政命令，采取行政措施等手段，对社会公共事务进行管理，任何其他个人和组织都不能取而代之。政府的权威是政府在对社会实施政治统治以及管理社会生活和经济活动的过程中形成的，因此行政权力的行使要具有公共性，不能用来服务于个别团体和个人的特殊利益。行政权力要依法行使，因为社会公共权威性质是由法律的普遍性和规范性体现出来的，依法行政是政府取得普遍权威的前提。

（2）行政活动的社会性。政府的行政活动是对国家意志的执行，因此行政活动必然受制于统治阶级的意志而带有浓厚的政治性。但是政府作为公共管理组织，其目标或宗旨必须有公益性本质，在形式上不能仅仅服务于统治阶级的利益，必须以整个社会的公共利益为目标，进行社会事务管理，推动社会整体发展。现代政府是维护社会公正、效率，弥补市场不足的制度性工具，在国家政权稳定的条件下，政府行政活动主要体现为社会性意义。

（3）行政活动的强制性。政府的行政活动是对国家意志的执行，是对国家制定的宪法和法律的全面贯彻和实施，因此在政府的法定管辖范围内，其权力行使具有普遍的强制效力，任何个人、单位或社会团体必须服从。

2. 政府在城市生态基础设施管理中的基本职能

政府的任务就是要提供"公共物品"，"政府的生命力来自它的社会服务作用"。① 政府需要提供的公共物品主要有以下几个方面。

（1）提供物质技术基础。对社会全面发展进行宏观规划，为政府管理社会和社会自身运行提供总体性的政策框架。政府要为市场经济体系的正常运转提供必需的制度和规则，积极建设各项市场制度，维护市场的有效性，及时采取各种调控手段，保持经济的稳定性。

（2）提供公共产品。促进文化教育事业的发展和科学技术的进步，发展社会公用事业，公用事业涉及范围相当广泛，具有"公共物品"的性质，直接关系到广大公众的生活质量，需要政府来进行管理。

（3）协调冲突，保持社会稳定。维护社会公共秩序，保护产权；调节收入分配，维持公平与效率；建立、健全社会保障体系等是政府的传统职能，也是生态城市政府管理社会的基本内容。

（4）控制人口，保护环境。人口数量失控、自然资源过度开发、环境急剧恶化已经成了市场活动中市场失灵的例证，对社会的持续发展构成了严重的威胁。这些方面如果没有政府的介入，很难得到有效的遏制，因此政府要制定管制性办法，并采用强制性权力来进行管理。

3. 建立引导型政府职能模式是城市生态基础设施管理系统的最佳选择

随着政府与社会的分离，传统的全能型、保护型、干预型政府职能模式已经无法适应现代城市管理和发展的需要，生态城市政府在职能上要实现从"划桨人"到"掌舵人"的转变。政府职能社会化是政府调整公共事务管理的职能范围和履行职能的行为方式，将一部分公共职能交给社会承担并由此建立起政府与社会的互动关系以有效处理社会公共事务的过程。② 政府职能社会化要求根据城市生态基础设施的内涵和基本特性，政府要发挥市场在资源配置中的基础性作用，能够由市场解决的问题，要尽量用市场方式进行解决，减少不必要的干预。

政府职能的合理配置，是政府实行有效管理的前提。作为城市生态基础设施管理系统的核心，保持开放性、远离平衡态、内部非线性作用是政府建立和完善职能模式的标准。开放性要求政府落实为人民服务的宗旨，

---

① 王乐夫：《论公共管理的社会性内涵及其他》，《政治学研究》2001 年第 3 期。
② 王乐夫：《论中国政府职能社会化的基本趋向》，《学术研究》2002 年第 11 期。

引导行政客体对政府工作的积极参与，并将行政行为置于社会监督机制之中，保证开明廉洁；非平衡性要求政府的组织结构具有管理层次少、人员精简、职责分明、富有效率、按市场机制运行、充满活力等特征；非线性作用要求政府必须依法行政，建立规范化的办公制度和管理程序，并推动社会主义民主和法制建设。可以看出，耗散结构理论所要求的就是突出服务、以服务促管理的引导型政府职能模式[①]，政府的行政行为应当具体体现为：依法行政、规范行政、透明行政、高效行政、服务行政、廉洁行政。

城市生态基础设施管理主体多元化，公共权力社会化，并不意味着削弱甚至否定政府的职能，而是要转变政府职能，实现政府管理服务化。引导型政府对城市生态基础设施管理要以经济、法律手段和服务相结合为主，简政放权，把主要精力用于宏观引导和科学管理，履行好政府的社会职能，创造优良的法律环境、管理环境和管理秩序。

（二）社会组织在城市生态基础设施管理中的作用和地位

"小政府、大社会"，"有限政府"，是法治社会的基本原则。在城市生态基础设施建设的过程中，我们要改变传统上政府在城市生态基础设施管理中的唯一角色，政府要做到"有进有退"，放手发挥社会组织在城市生态基础设施建设和管理中的作用。

1. 社区

社区是由居住在一定地域范围的人群组成的、具有相关利益和内在互动关系的地域性社会生活共同体。换句话说，社区就是以自然地缘和适度的人口规模以及服务辐射力为条件划分的，成员间以首属关系和归属感为联系纽带，具有公认的行为规范和秩序的组织单位。城市社区是最贴近居民的组织，是生态城市民主建设的基石。作为管理主体之一，城市生态基础设施管理系统中的社区将比传统社区发挥出更大更积极的作用。

（1）中介作用。社区是居民与社会服务之间沟通的桥梁，为居民提

---

① 贺恒信、江永成：《耗散结构对现代管理的启示》，《科学·经济·社会》1995 年第 1 期。

供信息服务和牵线搭桥的各种中介服务。更重要的是，社区作为其全体居民的代言人，是联系政府与社会组织和居民的纽带，是政府与居民之间的沟通渠道。政府将自己的一部分权力和管理职能下放给社区，实现还政于民，促进生态城市社会的自治化。借助社区的桥梁作用，政府可以与各类社会组织及个人建立起相互理解、相互信任、和谐共生的良性互动关系，政府紧紧依靠民间社会组织和居民，从单纯行政管理走向服务型政府。

（2）协调作用。城市生态基础设施范围内的社区经政府授权，协调居民、物业公司、居委会、业主委员会以及地域内各单位、各团体等各方利益，紧抓住群众最现实、最关心、最直接的问题，为群众办实事、解难事、做好事，切实把人民群众的利益实现好、维护好、发展好。社区将居民组织起来，整合社区居民的利益，维护社区居民的合法权益，维持社区的公共秩序和社会稳定。

（3）自治作用。党的十六大提出了"完善城市居民自治"、"基层民主更加健全"的任务，是实现全面建设小康社会目标的重要环节。全面推进社区建设是完善城市居民自治、加强社会主义民主政治建设的重要途径，也是当前城市生态基础设施建设和管理的重要内容。"调整社区内社会成员利益关系的组织和规则，一般不是以行政权力的直接介入为前提的，而是由自立、自主、平等的社会成员，通过自治组织以一定的契约方式（如社区公约）建立起来的"。[1] 因此社区居民享有充分的知情权、决策权、管理权、监督权，实现自我发展、自我管理、自我服务、自我教育。居民通过社区内的各种服务组织和代表不同居民利益的社会团体，使自己的物质需求、精神需求以及政治参与需求得到满足。"社区就是重新建立的市民民主自治、民主参与、民主决策的组织网络"。[2]

（4）教育作用。社区通过组织和动员居民参加各种志愿活动，开展群众性文化、体育活动，贯彻落实"以德治国"的方针，弘扬中华民族邻里互助、乐善好施、扶贫济困等传统美德，培养居民的自主意识、奉献精神，倡导健康、文明、科学的生活方式，营造社区安定祥和、明礼诚

---

① 郭小聪：《社区建设：整合城市基层民主路径的新思路》，《"中华人民共和国五十周年：机遇与挑战"国际学术研讨会》。
② 王颖：《现代城市管理与社区重建》，《浙江学刊》2002 年第 3 期。

信、团结友善的生活氛围。社区文明是精神文明建设的重要依靠力量，全面推进社区建设是传播和繁荣先进文化，培养和提高居民文明素质的有效举措。

2. 社会中介组织

社会中介组织是指介于政府、企业、个人之间，为其提供信息咨询、培训、经纪、法律等各种服务，并且在各类市场主体间从事协调、评价、评估、检验、仲裁等活动的机构或组织，是非政府性质的社会事务管理机构。中介组织是联系政府与企业及个人的桥梁和纽带，在培育和规范市场方面有着政府不可替代的作用，减少了政府的工作量，使"小政府"得以实现。

中介组织的主要职能一是运用其专业知识为社会提供公益性服务，缓冲市场失灵造成的负效应，减轻政府失灵对企业的损伤，提高市场自我组织能力。二是为自身所代表的特定的利益群体服务，在市场的准入、监督、公证，调节市场纠纷等方面发挥"经济警察"的作用，监督企业行为，减少不良市场竞争，维护公平竞争的市场秩序。根据生态城市的特征，生态城市中介组织应具备以下特征。

（1）民间化。中介组织的民间化，也就是"非政府化"。中介组织不是政府的附属机构，是独立于政府之外的具有独立法人资格的机构。对政府来说中介组织是社会某种群体利益的代表；对企业来说，中介组织是服务者，是社会利益的维护者。

（2）市场化。我国的中介组织是市场经济发展的产物，已成为市场经济运行机制的重要组成部分。按照市场经济规则运行，与市场经济发展的步伐相适应是中介组织生存和发展的前提。

（3）自律化。中介组织在城市管理中发挥着服务和监督功能，中介组织本身也要全面彻底接受公众监督和质询，实现财务、事务完全公开化，对越权、违规行为能够及时纠正并对相关责任人进行有效惩处。同时，中介组织行业内部要建立起自律运行机制，有明确的市场准入和资质认定标准，有健全的行业内会员资格审查和中介行为监察评估制度。

（4）规范化。我国中介组织起步晚，目前规范化程度远远不够，可以说规范化程度不够是影响中国中介组织职能发挥的最大障碍。中介组织规范化，不仅是今后发展中介组织的重点，而且是中介组织更好地服务于市场经济需要的根本所在。城市生态基础设施的中介组织一要在制度上规范，建立完备的规范中介组织的法律、法规体系；二要在人员使用上规范，岗位培训体系健全，执业人员持证上岗。

3. 社会团体

社会团体是执行某种社会职能，具有相当组织程度和组织目的的相对独立的非营利居民组织。社会团体由有共同的兴趣和组织原则的公民聚合而成，按照章程开展活动。我国社会团体的性质、宗旨多种多样，活动领域十分广泛。社会团体直接参与政治、经济、文化、社会生活，它们能够更确切、直接地反映公众的意见，已成为公众参与决策的组织者和代表，是党和政府联系群众的重要桥梁，是我国社会管理的一支基本力量。它们凭借自己的组织优势和社会优势，代行了政府的某些职能，减少了政府的工作量。

相对于纵向的政府管理体制，横向的社会团体以公益事业为出发点，更能贴近公众，超越国家机构的官僚作风，对公众产生权威性影响力，具有增进人际和谐的优势和功能，有利于城市管理系统的健康发展。社会团体在社会管理中有以下主要职能[①]。

（1）组织职能。社会团体可以把某一阶层、某一方面的人民群众组织起来，把个体行为集合为团体行为，发挥出更大的合力。

（2）参与职能。社会团体广泛地参与民主管理和社会监督，在政治、经济、文化生活中将发挥出越来越大的影响力。

（3）教育职能。社会团体通过开展各种活动，对组织内成员进行教育和引导，提高成员的各项素质。

（4）调节职能。通过社团的民主协商、沟通思想、说服劝导，可以有效地化解矛盾和冲突，保持社会稳定。

4. 企业

企业是指以生产或交流各类物质、非物质产品为主要工作，以盈利来

---

① 张尚仁、王玉明：《论社会公共事务管理主体的多元化》，《广东行政学院学报》2001 年第 4 期。

维持运行的组织。企业是物质文明的主要创造者，是现代社会经济发展的核心，是城市生态基础设施管理主体体系的重要组成部分。企业参与城市生态基础设施管理的方式主要是提供公交、通信、电力、自来水、医疗、教育等公共物品。

为了更好地发挥企业在城市生态基础设施建设和管理中的市场主体作用，要做好以下三方面工作[1]：一要让国有企业成为真正的企业法人。国有企业是我国国民经济的支撑力量，必须将现有国有企业改组成符合现代企业制度要求的国有独资公司或股份有限公司和有限责任公司。二要彻底打破行业、部门垄断。除少数特殊行业和部门外，放松政府的准入限制，减少政府的审批制度，发展多元竞争主体，促进市场经济在竞争中良性发展。三要鼓励民营企业参加公共物品的供给。"可采用'专利经营'（即在政府监管下由私人资本通过投标取得政府特许的专利经营权来经营某种公共物品的生产与供给）、'私商经营'（即将某些公共物品的生产和供给完全交由一些私人机构经营）等方式改革公共物品的供给模式。"

（三）公众在城市生态基础设施管理中的地位和作用

公众是指居住在城市所辖区域内的公民。公众是城市生态系统最基本的也是最重要的组成部分，城市生态基础设施的一切管理活动都会细化到具体的"人"的层次，也就是落实到公众身上。从本质上说，城市的一切活动都围绕着居民展开并服务于公众。公众的参与是推动城市生态基础设施建设的重要力量之一，这表现在初期参与规划制定、中期参与城市生态基础设施的建设过程、后期参与维护管理等诸多方面。从大量已建成的城市生态基础设施项目来看，公众及公益组织的参与在管理与维护方面起到巨大的推进作用。

公众教育是管理方法的一个重要方面。有时只是简单地告知公众土地或水源的益处就可以大幅度减少人类使用对自然资源的影响。教育讨论会、研究会、郊游、科普小册子等都可以用作这种公众教育策略的一部

---

① 陈迅、尤建新：《新公共管理对中国城市管理的现实意义》，《中国行政管理》2003 年第 2 期。

分。它们可以告诉居民怎样与自然和谐共处。例如，很多人并不知道砍掉一棵能遮阴的大树，或是使用氮肥来促进草木的生长会有什么后果。居民也并不清楚将外来物种引进本地生态系统会导致怎样的灾难。教育公众怎样变成合格的环境管理者，例如应该使用堆肥或是用自然物覆盖树根等小小的知识，就能帮助他们意识到他们所拥有的土地是一个大的生态系统。

以人为本是城市生态基础设施的基本性质，也是构建城市生态基础设施管理系统的基本原则，满足人的需要，实现人的全面发展是生态城市及其管理系统的根本目标。因此不能简单地把公众看作城市管理的对象而应该让他们成为城市管理的积极行动者。"居民是城市管理主体中的基础细胞，他们的参与使城市管理的机制从被动外推转化为内生参与，是现代化城市管理的重要动力"。① 以人为本的城市生态基础设施管理系统的任何一项活动都离不开公众的积极参与。增加城市生态基础设施管理的开放度，加强对公众的教育和熏陶，着力提高公众的道德水平、文化水平、民主观念、法制观念、参与观念等素质，提高他们参与城市生态基础设施管理的自觉性，动员他们共同参与现代城市管理，让公众真正成为城市的主人和城市管理的主体，是城市生态基础设施管理的发展趋势。

1. 培养公众参与城市生态基础设施管理的意识

从客观原因上看，我国是个历史文化悠久，传统观念根深蒂固，国民受教育水平相对低的国家。五千年的传统文化中，积累了许多优秀的民族文化的精粹，但是，也留下了许多落后的思想观念，如"官本位"思想，"草民"意识，"人亡政息"的人治思想，以及对"权利"讳莫如深的"义务"的本位思想，等等，这些都抑制了公众参与的积极性及个性的发扬和社会批判精神，使得公众在城市治理的过程中在思想意识上处于一种被动的状态。而且我国公有制下的城市资源再配置对市民的个人利益并无直接影响，无形之中培养了"与我无关"的思想，大多数人只意识到自身是城市管理的对象，却没有认识到自身也是城市生态基础设施管理主体中不可或缺的一部分，缺乏公民责任感。

政府在治理城市的过程中应通过广泛的宣传和教育，让公众逐步摆脱

---

① 吴启迪、诸大键：《现代化城市管理的理念》，《建筑科技与市场》1999 年第 6 期。

传统思想观念的束缚，正确认识我国法律中所赋予的人民参与国家事务管理的权利，明确城市的主体是市民，城市管理的目标也是市民，市民既是管理者也是被管理者，充分意识到公众参与既是公民的权利又是公民的义务，积极参与城市管理是维护自身利益的一种方式。对政府而言，要建立一个平等的社会，必须靠民众有理智地参与公共事务，以及不断地提供建设性的意见，因此，政府首先应从政府主导的观念转变为还政于民的观念，从全面控制的无限政府的观念转变为对社会实行公共管理的有限责任的政府的观念，从政府是单一的城市管理主体转变为多元主体合作管理的观念，给公众提供适当的公共领域，以便使公民积极参与公共事务，在这种不断参与中培养公民的能力，在公众与城市政府的互动中形成真正意义上的民主行政。其次，参照奥尔森在《集体行动的逻辑》中提到的建立一种"选择性激励"来驱使城市公众参与城市管理，参加集体行动，即在集体行动中区别对待积极参与和消极不参与的两种人，奖励积极参与者来示范诱导其他人采取相同的行为，促使公众形成强烈的参与意识，从而促进集体行动。

2. 畅通公众参与城市生态基础设施管理的渠道

公民社会的存在是政府与社会关系发展的产物，它强调公民对社会政治生活的参与和对国家权力的监督与制约。我国公民社会尚处在形成阶段，一方面需要通过不断完善我国公民社会建设的法律体系，另一方面则需要通过逐步化解限制民间组织发展的因素，二者一张一弛来推进我国公民社会的发展。以积极的态度和现代理念对待各类非营利组织，推动建立一些专业的民间社团、行会、科研机构，还包括基层的社区组织等，定期召开公开会议，组织公民讨论，并派政府代表参加会议，举行座谈会，一方面政府代表向公众通报城市政府的各项公共政策的内容，回答与会者的提问并提供技术帮助；另一方面则可以了解公众的动向及对公共政策的反应，将公众中具有代表性的意见和观点纳入公共政策的考虑范围。另外，还可以借鉴西方国家一些成熟的公众参与制度的做法，如美国的公示制，在规则和政策执行之前提前一定的时间告知公众。

3. 完善公众参与城市生态基础设施管理的制度

现代制度经济学认为，制度对于社会经济的发展具有决定性作用，因此建立相应的公众参与制度，形成权力制衡、公众表决及其以利益集团为后盾的各种民主法制和秩序，才能支持和保障公众参与的法律地位。公众参与实际上是一种合作式的管理，公众与城市政府合作成功与否，关键在于参与权是否规范，而参与权的规范最终离不开制度化途径。我国宪法已经赋予了公民管理国家事务的权利，因此还应制定有关公众参与权利义务的法规和制度，确立公众参与的原则和地位，规定公众参与的法律效力、权利与义务、领导和组织、方式和程序以及领域和范围。经验告诉我们："既非高度集中也非十分分散的权利有利于政策创造"，① 既要赋予公众参与权，又要对权利进行合理恰当的限制。尤其在城市治理中，涉及地方发展全局性的规划、与公众切身利益密切相关的决策都应该向公众公开，通过各种方式让公众在相应的行政程序中表达意见，通过"公众表决"让公众做出决定等。在具体的城市治理中，我们还应就公众参与的过程制定相应的公众参与决策制度和公众参与监督制度。

首先，公众参与决策制度应赋予公众相应的知情权和决策权。城市政府掌握着最大量的公共信息，又是政策的制定者，相对于公众，它处于信息强势的地位，而公众则处于信息弱势的地位。公众只有知情之后才能避免参与流于形式，才能避免参与者因信息缺失、信息不足导致的理性判断不足，才能克服政府与公众之间信息不对称而导致的参与受阻。建立公开、透明、公正的公众参与决策的程序和方法才能切实保障公众参与的机会。如设立城市政府管理的网站，创立政府政务电子信息查询系统，通过公众参与来收集相关项目的信息和意见；进行社会中各利益团体和社会组织的对话，通过社会中各利益结构的彼此博弈式的谈判和协商，制定出有关城市发展的方案计划提交给政府，这实际上保证了公众对城市公共事务管理的决策动议权；对于一些重大决策，必须切实动员公众积极运用自己手中的投票权来表达意志，进行决策，从而实现公众的表决权。

其次，公众参与监督的制度则包括公众在城市事务决策前、决策中、决策后的参与程序，即对于一些重大项目的决策过程必须有法定的公众参

---

① 〔美〕塞缪尔·P. 亨廷顿：《变化社会中的政治秩序》，王冠华等译，三联书店，1989，第 141 页。

与程序，明确公众参与的形式、步骤和时间，建立和塑造严格完善的公众参与机制。另外，要建立畅通的信息反馈渠道，以反映公众与城市政府的决策相左的意见和建议；建立公众参与监督的人身保障制度及被监督利害关系人的回避制度以减少公众监督参与的后顾之忧；建立公众诉诸求助救济的程序和机构，当公众获取信息的要求遭到拒绝，或公共政策给公众带来不利后果即其人身权或财产权受到伤害时，能通过合法的程序向相关部门求助，而且获得救济的成本是较低的，否则会出现"理性的无知"和"沉默的多数"，破坏公众参与机制。

三　城市生态基础设施管理过程

管理和维护是城市生态基础设施体系建设的保障。潜在的城市生态基础设施管理方法包括生态系统管理、流域管理、适应性管理和综合性管理等。制订一套完整的城市生态基础设施网络或网络中的一个或几个部分的管理策略，通常步骤包括：建立一个由各利益相关者组成的团队，弄清现有资源，制订目标，制订并评估达到既定目标的各种策略（即选项），选择最优项，监察结果，最后运用这些信息去改进管理策略。这些管理策略的实施，不仅需要多学科的协同合作，还需要政策法规的鼓励、引导和社会公众的参与。

（一）　城市生态基础设施管理方法

潜在的城市生态基础设施管理方法包括生态系统管理、流域管理、适应性管理和综合性管理等。这些管理方法可以应用于某一个（片）生态基础设施，也可以应用于某一区域生态基础设施以及整合的城市生态基础设施网络体系。

1. 生态系统管理

"生态系统"这一概念，最初由英国植物学家阿尔弗莱德·G. 坦斯利从《生态学》中引入，这一系统不仅包括有机复合体，而且还包括构成周边环境的整个动植物赖以生存的环境，也就是动植物栖息地的复合体。由此可以看出，生态系统是指特定区域内自然环境和人工环境以及自然景观和传统基础设施之间能量的传输、转化过程。

城市生态基础设施的生态系统管理是一种充分认识并全力支持该系统内部所有自然和人工环境的关联性，以及其格局与过程的管理理念。实现这一生态理念的前提是：无论地域、时间、空间以及布局，了解其内部组成和周边因素的联系，将其视为一个整体的、不可分割的系统来建设和管理。其核心有以下几点：一是生态系统是动态的、不断变化的，且有一定的自我修复能力；二是生态系统在组织层次上具有空间性和时间性；三是生态系统存在经济和社会限制，需要跨越行政及政治边界，因此需要政府组织和私人部门间的合作；四是生态系统的完整性只有通过保护和恢复生态系统多样性及其功能而得以实现；五是记录结果并评估是生态系统管理的关键。

城市生态基础设施的生态系统管理，不仅要关注生态系统的生态健康，还要关注生态系统维护与管理过程中所涉及的经济和社会的健康、可持续发展。因为生态基础设施网络体系中的任何一部分都不是孤立存在，而是相互联系的，仅关注其中任何一个因素都是不合适的，因此，生态系统管理强调过程和相互关系，以及不同时期、不同地域所产生的不同影响。同时，自然、人类以及两者的相互作用及其过程都是应该关注的内容。在管理和维护的过程中离不开"人为"这一重要因素，生态基础设施网络体系为个人或团体提供经济服务，生产人们生存所需的必需品，也会提供清新的空气、洁净的水源、优美的环境等无形的服务和益处。因此，生态系统管理行为是人类有意识、积极主动地去保护、维护、恢复或者加强生态基础设施的功能和价值。一般来说，人与自然之间的情感和联系是决定采用何种管理方法的重要因素。在生态系统管理的最初阶段，就要考虑如何增强人们保护环境的情感和责任，了解生态基础设施的功能和价值，避免破坏生态环境。

生态系统管理的重点是需要跨越行政及政治边界，它是一种针对城市生态基础设施的长期管理过程，涵盖土地、水和空气。出于历史上行政区划的原因，资源管理机构组织上的变化是必需的，在发展目标和完成生态系统管理过程中，政府、社会组织和公众起到了决定性作用。自然系统所有尺度都是相互联系的，单独的、孤立的关注与其中任何一个尺度都是不合适的，必须广泛和长期收集、管理和使用生物物理等资料，依赖包括国家、区域、城市和人民在内的全社会达成共识，共同努力来保障实施。总之，生态系统管理是一个不断学习的过程，基于过去的策略的成功运用与否而调整现在的管理策略。

生态系统管理的方法适合应用到城市生态基础设施管理的各个方面。不仅是因为生态系统管理和城市生态基础设施管理都对未来有一个宏观层面上的尺度管理和关注，而且两者的管理理念都认为，可持续性是管理的前提，既包括持续的物质生产，又包括持续的关键性生态系统服务。比如农田、港口、水生态系统以及景观生态系统，都高度依赖生态系统的管理。这种高强度管理的生态系统的可持续性也依赖于围绕它们的很少人工管理的生态系统。

2. 流域管理

在 1869 年首次考察科罗拉多大峡谷的美国科学家、地理学家约翰·韦斯利·鲍威尔（John Wesley Powell）将流域定义为"一片由水文系统的边界包围起来的土地。通过共同的水文过程，所有的生命彼此联系；人类在此定居，成为这个群体的一部分。"因为流域是一种以自然为边界的独立景观体系，因此，城市生态基础设施在流域管理上起到关键的作用。城市生态基础设施所涉及的体系包括森林、自然湿地、湖泊、城市水岸和天然草地等，对流域水质和栖息地的保护都有着极为重要的作用。同样的，河岸廊道也能够保护大部分城市生态基础设施网络中的廊道要素，因此，流域管理和城市生态基础设施管理是相辅相成、密不可分的。

流域管理的基本前提是管理（保护、恢复、加强）水资源的质量与数量。早期的倡导者定义流域管理为"为了更好地控制和保护水及其他相关资源而分析、保护、修复、利用和维持流域"。这个定义是重要的，因为它意识到水仅仅是流域内需要管理的资源之一，水资源的管理会影响到其他资源，而同样，其他资源的管理也会影响到水资源。由于行政管理边界常常与流域管理边界不一致，因此不同级别的政府，甚至是同一政府下的不同机构都可能对给定流域内的土地和水资源有管辖权，这使得政策制定者和政策执行者之间存在重复管理或空白管理的现象。这种现象有时会推动发展（或者用一定的方法来发展），而有时则可能会抑制发展。这就要求不同政府、部门和层级之间的多方合作。如《切萨皮克湾流域协议》是特拉华州、马里兰州、纽约州、宾夕法尼亚州、弗吉尼亚州和西弗吉尼亚州的州长，以及哥伦比亚特区、切萨皮克湾委员会和美国环保局等多方政府和机构联合，基于可持续开发的标准，制定的应对切萨皮克湾水资源污染的协议。

总之，在许多情况下，流域管理已经被证明是一种城市生态基础设施管理的有效方法。水质和水量给人们带来深远而直接的影响。人们常常会意识到保存充足而干净的饮用水的重要性，却可能意识不到保护土地内在价值的重要性。因此，保护水资源经常成为社区或区域的号召点。例如，切萨皮克湾协议使得来自马里兰、宾夕法尼亚州、弗吉尼州以及哥伦比亚地区的政府官员们为保护他们共有的水资源而合作。

案例：用流域管理解决城市问题①

除了考虑农村地区土地保护的影响外，城市生态基础设施方法也可以用在更加广阔的城市背景中，去解决广泛存在的问题。例如 T. R. E. E. S.（不同机构间资源与经济环境可持续）工程，它联合了不同的政府和环境管理机构，共同解决洛杉矶的干旱、洪水、大气和水污染、能源成本以及城市灾害等问题。项目规划者认为：解决洛杉矶的环境问题，比起目前所采用的人工手段，投资自然的方法会更好，更节省资金。T. R. E. E. S. 领导者认为：这些方案视洛杉矶的干旱、泥石流和洪水为一个问题，而不是三个不同的问题。

1997 年，T. R. E. E. S. 举行了为期四天的专家研讨会议，城市规划者、景观设计师、工程师、城市森林工作者和公共机构人员共同设计一个全新的洛杉矶（作为一个鲜活的流域）。参与者意识到：洛杉矶没有保留的开放空间作为传统的城市景观尺度的植物带或是水库，因此大家得出结论：洛杉矶可持续水供应的最佳途径是确保土地拥有者和商业部门截留雨水利用。他们共同为工业地、商业大楼、学校、公寓和单独居住的家庭发展了一系列最佳的管理模式。这个小组从居民楼到可渗透性的车道来进行

---

① 内迪克特、麦克马洪：《绿色基础设施——连接景观与社区》，黄丽玲、朱强等译，中国建筑工业出版社，2010。

设计，将每个家庭单元作为最小的流域单元进行管理。

太阳村流域利益相关者小组正在实施这个小组的计划，保留这个地域的季节性雨水。除了和当地居民合作保留雨水外，这个小组还在城市公园里安装了一个百万加仑蓄水池以及地下暴雨收集装置，并且正与两个煤矿矿主协商，使用他们的矿井坑道作为雨水保留地。整个系统被作为自然流域的模拟。

人们开发出计算机交互式成本/效益分析模型用于帮助政策制定者充分掌握实施这个最佳管理方式的经济、社会、健康和安全效益。在全市范围内，拥护者相信最佳的管理方式应该是：

- 减少50%的供给水之后，仍能保持城市绿意盎然；
- 减少洪水威胁，并减少流入海滩和大海的有害径流；
- 减少30%固体废物垃圾；
- 改善空气质量和水质；
- 减少人类的能源依赖；
- 美好社区邻里，同时会产生5万个新的工作岗位。

这种方式要求示范区转变城市对水供给和环境问题的思考——它要求将流域系统作为一个整体。初步的结果证明：通过合作的方式把城市景观设计成小型流域，会带来巨大的经济、环境和社会效益。

城市生态基础设施网络中的廊道。植被覆盖的河岸带廊道为水生系统提供很多好处：遮阴降温、稳定河道、减少沉积、地表径流扩散、营养吸收以及为栖息地提供植物根茎和木材碎片。

3. 适应性管理

在科学家和土地管理者不了解生态系统功能而不知道该如何更好地管理它们时，适应性管理应运而生。适应性管理中的适应性是指了解要管理对象的生态及社会体系，根据此体系的反应来决定下一步的管理行动。适应性管理的目标是尽可能减少目前行为对未来不确定性的影响。在适应性管理中，"学习"不是管理过程的副产品，而是一个明确而完整的目标。

适应性管理有一个内在固有特性：管理行为是一种实验，有结果反馈并重复的过程。这个过程视每个新的管理决策为一系列实验中的一个，每一个实验都是基于一个或更多的关键生态系统行为的假设。

适应性管理方法一直被用于解决西北太平洋区的鲑鱼问题,它综合了科学和民主的方法,反映出自然资源管理者、大众、资源使用者和科学家的观点。适应性管理法也曾被作为控制纽约罗切斯特市郊外白尾鹿群方法的一部分,在白尾鹿数量及变化模型特征的科学信息基础上,选择鹿群数量管理方案和相应的结果,并估测该管理的成果及每种选择方案所付出的成本。

适应性管理不仅承认人类认识的局限性,还承认了资源管理者、大众、其他资源使用者及科学家等不同人群观点的差别。适应性管理的提倡者认为,在管理策略中融入不同观点可以改善成果,因为不同的观点会影响其他观点,提高管理过程的创新性和稳固性。这是适应性管理与绿色基础设施之间的众多联系之一,一种基于许多不同学科并依赖于不同部门利益相关者的方法。

监控是适应性管理的关键组成部分,但这不是要求严格的科学监视或数据分析。监视工作可能只是简单地要求本地鸟类观察俱乐部每年坚持其鸟类观察计划。适应性管理是连续性的,认识这一点很重要。虽然这看起来很难办,这要考虑 20 年、30 年或 50 年管理体制,这会有不断增加的变化,但无论如何,一定要尽可能减少大的变化。比如绿色基础设施,适应性管理注重事先了解情况,而不是事情发生后再做出反应。如果这一管理体制早在 50 年用于沼泽地,那我们早已节省下无数的公共资金。

4. 综合性管理

尽管有许多资金和管理措施投入绿色基础设施建设,但需要认识到每种管理方法都不是尽善尽美的。城市生态基础设施管理会体现在各个不同的方面。生态系统管理,分水岭(水坝)管理和适应性管理扮演着不同的角色,绿色基础设施的最好管理策略是能辨别出什么时候需要修补,或需要运用其他的管理方法,如何使两者配合有效,同时又能使现行管理方法有资金可赚。

城市生态基础设施对不同景观和斑块进行全面管理。尤其是生态系统和分水岭的管理办法,它可以将许多土地拥有者和土地管理者所拥有的分水岭和生态区域联系在一起,这有助于土地的修复和管理,对维持分水岭完整性和生态服务功能起关键的作用。同时，适应性管理确保现行管理方法能满足他们的目标以及绿色基础设施建设的目标要求。

5. 恢复和修复管理

正如我们看到的，城市生态基础设施网络中的一些元素可能已经严重受损。在网络设计阶段，根据预期的生态效益、复垦的难易程度以及政策机遇，需要优先考虑恢复问题。恢复机会评估——或者恢复目标的制订应该考虑广泛的因素，包括成本和成功的可能性以及生态系统特征等生态因素。在一定程度上，这些因素应该量化，这样有助于确定不同场地上恢复活动的优先顺序。

空缺分析是恢复和加强城市生态基础设施网络的常用方法，简单地说，空缺（gaps）指的是网络内缺少自然植被的区域。通常人为造成的植被空缺是景观恢复的着眼点。例如，农业或者采矿业用地将被转变成湿地或是森林。野外调查以及反映功能的等级参变量方法，可以帮助我们确定需恢复的地域以及应该采取何种的恢复行动。例如，湿地空缺分析应考虑那些具有潮湿土壤的土地；而由森林包围的、具有潮湿土壤的农业用地则具有较高可能性恢复为森林湿地。许多恢复工程还需要考虑景观和流域目标，包括溪流内部栖息地恢复、减少营养和泥沙负载，以及其他的溪流修复工程等。还有一些恢复工程可能关注解除鱼类通道的障碍；在底部修建公路或者铁路以保护野生动物、水文循环及其他生态系统过程畅通；关闭公路或公用廊道；移走沟渠；去除入侵的外来物种等方面。

在此，我们需要区分人为原因和自然干扰产生的空隙地，例如，由暴雨、火灾或是树木倒塌造成的树冠层或其他植被覆盖地空隙属于自然空隙地。它们是健康生态系统的重要组成部分，不应成为恢复目标。

对恢复成本和难易程度的评估，并不是让我们去计算每一美元，而是根据土地覆盖、涉及区域和土地拥有权等进行大致估算，这对恢复决策非常有帮助。同时，也要考虑非直接成本，例如移走沟渠可能导致不断增长的洪水，把煤矿地变成森林或湿地造成经济损失。这些成本也应该与恢复效益做对比。

马里兰州自然资源部门在一项恢复工程中使用了马里兰全州的绿色基础设施评估资料。它恢复了奇诺农场52英亩的湿地以及树木，这个农场是马里兰东部海岸最大的农场。如同绿色基础设施评估，这些恢复和种植行为都是基于科学的景观生态学原理，所有的设计旨在增加土地斑块间的连通性，减少森林边缘，增加内部面积。这项工程由东海岸附属组（政府指定的养分管理小组）的安妮皇后县和一个咨询公司合作完成。马里兰资源部和华盛顿学院（位于切斯特镇）通过观察鸟类对这块区域的使用情况来监测场地变化。这个工程显示了在没有侵犯私人财产权的情况下，不同级别的政府机构与私人土地拥有者及企业是如何合作改善栖息地环境的。

（二）城市生态基础设施管理的流程

制订一套完整的城市生态基础设施网络或网络中的一个或几个部分的管理策略是十分重要的，值得强调的是：这个过程应该因地制宜，不可放之四海而皆准。其通常步骤包括：建立一个由各利益相关者组成的团队，弄清现有资源，制订目标，制订并评估达到既定目标的各种策略（即选项），选择最优项，监察结果，最后运用这些信息去改进管理策略。

在规划和设计一套城市生态基础设施项目的过程中应该考虑并强调管理的重要性。对于那些未能考虑到预期的管理事宜的项目，通常长远成本会更高，并且可能难以达到设想的目标。

第一步：组建一个由各利益相关者构成的团队。

在任何城市生态基础设施的启动阶段，都会有许多个人和团体可以被选来参加规划管理及恢复的活动。在某些情况下，较大的领导集团下的附属委员会或工作委员会将牵头实施管理事宜并提供具体的实施建议。由于管理活动将会持续较长的一段时间，这个委员会很有可能会扩大并最终独立于原来的领导团队。另外，我们还需要意识到，不同的投资人可能会因为监测、管理网络的不同部分以及相互合作以使不同的管理途径整合为一个完整的实施计划而联系在一起，这一点也是很重要的。

第二步：制订自然资源的清单。

在你制订一套拥有明确目标的管理策略之前，你需要知道在整个城市生态基础设施网络中的自然资源并评估它们的状况。给这些自然资源列一个清单的过程正好与设计一套城市生态基础设施的步骤相符合。

第三步：确定可计量的、基于成果的目标并制订一个可达成该目标的策略。

城市生态基础设施的管理活动需要实现一个或多个成果，如保护供水、增加候鸟数量、恢复湿地生境的特定区域等。试着使你的目标与整个公众群体相联系，这样就会使民众体会到他们的重要性，从而积极地参与进来。目标不应该仅仅涉及如生态恢复之类的目的，还应关注城市生态基础设施对于生活质量的改善和当地经济的支持作用。主要的生态目标可能是要保护河滨或林地生境；而协同的可持续的经济目标可能就需要与土地所有者合作，使他们可持续地管理自己的林地：规划木材的收割以保护森林的连续性和物种多样性，再次引进本地植物种类，及最小化对水流量的影响。生活质量的目标或许可将保护野生动物生境与建设自然小径结合在一起。

在可计量、基于成果的条件下制订的目标可以帮助判断策略的有效性。举例来说，一个旨在保护并增加在森林内部栖息鸟类的目标（如该区域2010年之前新热带候鸟数量增加一倍），就应该包括对这种鸟类的物种数量进行每年的连续测量，用森林里的特定斑块来监测新热带候鸟的数量并评价项目的进度。如果目标是通过生态旅游来提升区域的经济健康程度，目标的设定可能就会是在10年内使生态旅游的规模扩大50%，而测量的指标则会变成户外娱乐业的收入、汽车旅馆和酒店的收益、当地景区内的游客花费等。

第四步：制订并评估达到目标的各种行动。

一旦预期的管理成果达成了一致后，下一步的任务就是要弄清怎样去实现它们。采取的行动应当建立在合理的技术原则的基础上，并符合城市生态基础设施网络组成部分的特殊要求。尽管一些管理方法可能鼓励风险较大的做法，但这必须与潜在的影响放在一起进行权衡。举例来说，如果某地有一种健康的全球稀有植物或动物群落存在，我们则不必进行管理的试验模拟，并且这种存在还可能影响到整个管理规划。

很多工具都可以应用于区域绿色基础设施的长期管理。除了获得权、规章制度及主要计划外，还可以考虑一些能够迅速产生可见结果及获得公众支持的选择，如栽树种草、清理溪流河道，或清洁小路等。

第五步：选择并实施合适的管理策略。

在这一步骤中，我们应该根据设定的目标和预期的成果区分各种可行选择的优先次序，并选择最佳路径予以实施。正如之前指出的，最适合的管理行动将依赖于城市生态基础设施网络作为整体时的目标及考虑每个不同部分时的目标，如可选路径的成本，可用的时间和资金，已经采取的管理项目，达成结果的期望时间以及其他一系列的因素。根据管理目标和结果，同时考虑每一个管理策略的优缺点。此外，这样的评估还要求综合专业的判断、洞察力及技术信息才能完成。

第六步：监测管理项目的结果。

结果的监测是指对（选择的）管理策略实施后所产生的生态或区域响应进行测定；也就是说，测定各种为保护、恢复或加强城市生态基础设施网络的任一部分所采取的行动是否成功地达到了预期的目标。怎样进行监测和评估依赖于可提供的资源，但是这些工作没有必要很昂贵或很复杂。

对生态系统的评估可以通过测量一个区域中动植物的多样性和丰富度来实现。最主要的技术就在于如何根据物种对污染物或其他生境变化的敏感性来选择特定的指示物种。举个例子，例如在水生生态系统中，鱼和昆虫就是水质的良好指示。计量城市生态基础设施的效果时，还应该考虑生物多样性和环境承载力。环境承载力指的是在不会永久地削弱一个生境生产力的前提下，该生境可以支撑的某个特定物种的最大个体数。

同时，选择出那些能够反映城市生态基础设施目标和预期成果并且能够准确反映出管理行动效果的指标也十分重要。如果管理行动没有产生应有的效果，那么指标就可以发挥早期预警系统的作用。在这种预警系统的指示下，管理行动就可以在未付出巨大代价甚至不可挽回的损失之前进行调整。指标都应该有足够多的样本以确保统计分析的准确性，但是应该记住，有些指标，如稀有的、受到威胁的或濒于灭绝的物种的种群大小，可能就会因样本数过小而不能用于统计分析。

最后，传统的成本—效益分析可以扩展用来进行城市生态基础设施产生的效益分析，这些效益同时包括了社会和环境的因素。尽管许多城市生态基础设施效益的定量化极其困难，但还是有一些工具可以用数量或图形的形式来分析自然及人工用地的效益。如由 USDA 自然资源保护服务组织开发的土地评估及地点评价系统（LESA），可以用来计算农业用地的质量，还能评价某地农业的经济发育能力。LESA 的工作方法是最先评价某地点土壤对农作物和森林的适宜性，然后评价相关的规划和分区的兼容性，及获得公共基础设施的途径和其他因素。LESA 系统可以帮助国家和地方的政策制定者、规划者、土地拥有人及开发者进行决策。

第七步：将信息反馈到管理策略中。

一个有效的监测计划可以测试主要的假设条件，并且在授权的情况下能够允许管理途径的改变。监测的重心在于应用那些可以改善管理行动的信息。关于事先确定的行动是否实施、假设条件是否准确以及管理目标是否达成的信息，则可用于再评估行动、改变决策、改善执行过程或是保持原有的管理方向等事项。

总之，对城市生态基础设施管理进行均衡布局，建构城乡一体化体系，将城市、郊区、荒野连贯起来，打破传统的城乡分离，连接"绿色孤岛"，有利于维持和恢复自然生态系统的功能，增强系统整体应对环境压力的能力，以一种弹性的方式保护自然资源，从而让自然生态系统为人类服务。城乡一体化的生态基础设施，是城市生态安全的关键构成，是完整的生态系统服务的保障，通过合理规划、均衡布局，构建城乡连续的生态基础设施生境保护网络，可以实现区域结构和功能的良性发展，达到改善人居环境的目的。

（三） 城市生态基础设施管理的实施驱动

城市生态基础设施的建设与管理的实施驱动不仅需要多学科的协同合作，还需要政策法规的鼓励、引导和社会公众的参与。

1. 多学科的协同合作

在传统的基础设施规划中，往往存在着学科之间割裂的现象，从规划到设计由不同的部门、团队完成，缺乏整体的协同合作。如在城市水岸建设中，河道用地和周边区域的规划由城市规划部门完成，河流污染防治由环保部门完成，河道防洪基础设施规划由水利工程师完成，接下来才是景观设计师进行滨水绿地设计。缺乏多学科的整合与协调，使得各步骤之间很难衔接，项目建成后往往离最初的预期有着较大差距，各学科也很难将本学科的优势发挥到极致。

城市生态基础设施，尤其是城市生态基础设施规划，其制定、实施、管理和维护涉及生态、地质、环境、水文、生物、经济和政治等诸多学科和诸多部门，因此，在规划初期就应将城市规划、区域发展、基础设施建设、环境保护等方面当作一个整体系统进行考虑，组建整合各个学科的规划团队，由不同专业背景的人员进行交流和研讨，在整合学科的基础上综合地看待问题。

因此，多学科的协同合作应该在规划之初就展开，从而最大化发挥不同专业领域的优势。而城市生态基础设施的规划建设仅仅通过景观设计行业也是很难全面落实的，只有在多学科的合作模式中，基于规划、建筑、生态、经济、工程和政策指导的多重背景，才能得以顺利实施。

2. 政策法规的鼓励引导

法律法规的引导和约束是城市生态基础设施规划实施的重要推动力量。对于土地所有者和开发商来说，由于城市生态基础设施效益和自身利益的矛盾冲突，开发商往往更倾向于直接的经济回报而忽略其环境价值。此时，法律法规作为硬性的建设要求对于城市用地开发起到了引导和约束作用。

以美国为例，目前美国联邦已颁布的和城市生态基础设施相关的立法有14部以上，其中包括针对土地保护的相关计划：土地保护计划、保护性土地保育计划、安全保育计划等，主要内容是土地资源保护与农业用地开发的协调；针对生物多样性的相关计划；濒危物种法案、鱼和野生动物联合计划等，主要内容是对野生动物栖息地的保护；针对水资源污染与保护的相关计划：清洁水法、安全饮用水法等，主要内容是水污染防治标准。

在州域范围内，城市生态基础设施规划的运作实施往往也是由相关政府机构发起的。在联邦立法的基础上，制定各自的城市生态规划法则。比如2001年的加拿大绿色基础设施实施导则。

3. 社会公众的参与

市民和公众组织的参与都是推动生态基础设施建设的重要力量之一，

这不仅表现在后期的管理维护上，更体现在规划制定前期的参与上。公众参与包括市民及部分公益组织的参与，他们相比设计师对城市区域面貌背景有着更为深刻的了解，同时其建议也最能满足使用者的需求。因此，市民对于全过程（包括规划和实施）的参与对于城市生态基础设施项目而言十分重要。

公众参与在理论上简单，操作起来却存在诸多困难；由于现代社会中人与人之间的隔离增多，很多社区正逐渐丧失团体感；此外，人们不同的背景往往导致不同观点的产生：发展派与保护派的分歧、老辈与后辈的分歧等等。虽然如此，公众都会趋向于一些重要的共同目标，正是这些共同的目标使城市基础设施规划得以在正确目标的指引下前行。

以费城生态基础设施规划——绿色费城为例，在方案制定初期，公众参与起到了极为重要的作用，奠定了整体规划的框架。规划前期，组织了超过 2000 名市民出席了 18 个社区研讨会，并提出了市民对于城市发展的需求和此次规划的建议，最终总结出规划的几个核心为：增加城市开放空间、规划新的绿道并和现有绿道连通、改善城市亲水性、增加自行车及行人专用道、更多的植物、增加景观绿地比例、软化硬质基础设施、修订规划政策、鼓励群众参与的积极性。研讨会为费城的绿色基础设施规划明确了规划结构及目标，获得的成果最终被用作制定"绿色费城"的规划框架。

第八章
国内外城市生态基础设施建设实践

从 20 世纪 90 年代生态基础设施的概念提出至今,世界各国对生态基础体系建设进行了探索和实践。美国、英国等国家在生态基础设施建设中取得的效果较为明显。近年来,我国部分地区也对生态基础设施体系建设的相关内容进行了实践。他们从生态网络、绿道建设、土地利用模式等方面,为生态基础设施体系建设提供了范例。研究这些实践,无疑会对城市生态基础设施体系建设产生积极的指导作用。

一 国内外城市生态基础设施
建设成功案例

20 世纪 90 年代以来,国内外从生态网络、绿道建设、土地利用模式等方面对生态基础进行了探索和实践。生态基础设施越来越被看作城市基础设施的一个重要组成部分,参与塑造在各种尺度上的环境和绿地规划,以一种积极的方式构思绿地规划,其目的是提高自然资本的质量,而不仅仅是数量。生态基础设施系统的目标是建立一个框架,也是一种机制,在城市和区域的环境规划中,提供了一种绿色结构以解决城市问题和环境问题。其目的并不是孤立地服从自然、为野生动物创造一个独立的网络,而是让自然融入社会,以一种弹性方式保护自然资源,让自然生态系统为人类服务。

（一）国外城市生态基础设施建设案例

案例一：美国西雅图市生态基础设施修复的成功策略

西雅图位于美国西北的华盛顿州，是全美著名的"翡翠之城"。西雅图政府和民众对城市生态环境的重视，使该市在环境保护和生态基础设施修复方面成绩斐然。西雅图用优美宜人的生态环境印证了其生态基础设施修复策略的可行性，推动了城市生态基础设施修复的研究和实践。具体策略主要表现在以下几个方面。

1. 修复城市废弃地

虽然西雅图不是典型的工业城市，但全球化的工业浪潮也使西雅图存留了部分闲置废弃的厂房、仓库和军事等设施。由于当时城市规划和社会发展的限制，这些城市废弃地基本都位于市内景观视野极好的滨水地带。长期的工业生产和运输，使土壤中存留了大量无法分解的污染物，直接导致了废弃地生态系统的破坏，并威胁滨水地带野生动植物的生存。

为了改善废弃地的生态环境，西雅图公园与康乐局等部门通过生态修复设计，在治理土壤、恢复植被覆盖和重建栖息地的基础上，恢复生态系统结构和功能，将闲置的城市废弃地改造为供市民休闲娱乐的绿色开放空间。从 1975 年向公众开放的全球第一个以资源回收方式改造的煤气厂公园开始，西雅图将位于梅格洛里亚社区和沙点社区内的普吉湾海军基地分别改造为探索公园和梅根奈森公园。而 2007 年完工的奥林匹克雕塑公园则以卓越的设计理念和对城市滨水区域生态修复的贡献，荣膺 2007 年美国景观设计师协会（ASLA）设计荣誉奖。这一系列的城市废弃地修复项目，使西雅图地区闲置的受污染土地得以修复，改善了城市的生态环境。

2. 恢复城市区域水循环

与美国其他城市相比，拥有众多淡水湖泊和河流的西雅图水资源丰富。但城市发展和人口增长使得当地雪山雪盖缩小、湿地干涸、鱼类洄游量减少。这些生态现象使西雅图政府将恢复城市区域水循环提上日程，通过对城市雨水径流的治理和可渗透地面的增加，恢复区域的自然水文功能，提升该市的水体质量和数量。

2001 年竣工的"街道边缘新方案"通过增建雨水花园成为西雅图城市雨水治理的先驱。该方案将第 2 大道东北段（也被称为 Sea Street）改造成为拥有数个雨水花园的曲折街道，以就地处理和分流雨水径流，并配合耐水湿植物的种植，让植物和土壤净化雨水，在维护河川生态、补充和涵养地下水的同时，恢复城市区域水循环。目前，西雅图公务局计划将这项雨水径流处理技术推广到市内主要街道，并结合建设生态停车场、恢复城市湿地等手段努力改善水环境。通过监测，近年洄游的三文鱼数量也开始呈增长趋势。

3. 推行生态设计理念

2000 年西雅图开始实行绿色建筑政策，规定 5000 平方英尺以上的公共建筑都必须符合美国绿色建筑规范（简称 LEED）。[①] 位于市区的西雅图公共图书馆正是以 LEED 为指导，通过引入自然光、阻隔热源、防止室外光污染和利用所收集的雨水灌溉等生态设计，降低建筑对城市生态环境的影响。而西雅图巴勒德社区的公共图书馆分馆则在履行 LEED 的基础上，运用绿屋顶技术，在降低都市热岛效应的同时，为鸟类和其他小动物提供栖息地。

此外，都市农场和雨水智慧计划等生态设计理念也在西雅图社区内被广泛推广。在政府和非营利机构的支持下，许多社区将公共绿地改造成为既可生产有机食品，又能支持本土动物生存的都市农场。而一些住户更将自家庭院改造为可收集和净化雨水的雨水花园。

4. 推广低影响交通模式

为减少西雅图的温室气体排放，减轻城市交通对环境的影响，恢复具有一定自稳性和持续性的城市生态系统，西雅图政府斥资约 2 千亿美元改善公共交通系统，为市民提供更便捷、更频繁、辐射面更广的公交车、轻轨、轮渡等公共交通工具。另外，为鼓励市民步行及骑自行车出行，西雅图增加了近 200 个行人专用坡道，并优化了约 50 个行人穿越道。自行车

[①] 廖桂贤：《好城市怎样都要住下来：让你健康有魅力的城市设计》，野人文化股份有限公司，2009。

道也从以前的 25 英里（40 公里）延长至 50 英里（80 公里）。

除此之外，西雅图还通过实施道路收费及停车场增税制度，以限制车辆的使用。目前，西雅图政府正试图通过建设生活机能健全、公共交通便捷的居住社区，进一步推广低影响的交通模式。

5. 推动公众生态教育，增强公众参与生态修复的意识

西雅图公众积极参与生态环境保护的热情源于政府及民间环保组织多年坚持推行的公众生态教育。在城市的各个公园或自然保护区域内都设有生态知识解说牌或环境教育中心。这些基础设施不仅普及生态基础知识，还为公众提供力所能及的环境保护与生态修复技术，并鼓励公众积极参与与环境相关的公共事务。

2006 年 2 月，西雅图公众正是以关心都市生态环境的公民态度，参与了由华盛顿大学景观设计系主导的名为"西雅图开放空间 2100"的设计规划活动。来自华盛顿大学的 400 多位师生、政府官员、环保人士以及行业相关人员以无报酬的志愿者身份，针对未来西雅图人口增长可能带来的生态环境问题提出调整和修复计划。

总之，西雅图生态修复策略的目的并不是将城市的生态系统恢复到原始的未开发状态，而是通过这些策略修复城市的生态系统，使其发挥更健全的生态功能，让人类和其他物种能在城市中和谐共生。西雅图在生态修复中的实践不仅推动了生态修复的研究，也为世界其他城市的生态修复提供了有价值的参考和可供借鉴的经验。

案例二：英国伦敦东部的生态基础设施建设项目之一——东部绿网建设

英国在建设生态基础设施方面取得了重要的成果，"自然英格兰"认为生态基础设施是创造城市可持续发展的重要手段，"自然英格兰"借助其专业力量，通过宣传、咨询和监管等手段，和政府管理机构及其合作伙伴一起积极推进生态基础设施项目的建设。

英国伦敦东部绿网项目，是按照生态基础设施建设理论和方法进行建设的一个生态项目。该项目从 2004 年开始由泰晤士河伦敦合作伙伴共同实施。项目背景泰晤士河是伦敦的母亲河，流经市中心经东部汇入大海，东部是英国进入欧洲城市的通道，由于面临土地开发的压力，尽管绿色空间和林地得到了应有的生态保护，但仍然面临因开发而使生态基础设施减少的问题。因此，实施绿网项目，其目标是在大伦敦地区重建和增加开放空间，创建一个相互联系、高质量的公共空间系统，将城市中的交通节点、绿带、泰晤士河、主要的工业和居住地链接起来，使其具有生态基础设施功能，不仅具有美学价值，而且还有其他多种功能，如改善大众健康、连接社区、吸引投资、控制洪涝灾害、增加生物多样性等，是该城市生态基础设施建设的愿景。

第一，将所有的开放空间、河流以及其他廊道连接到泰晤士河，并与伦敦履带（按照霍华德理论指在城市外围保留的绿化地带）一起共同构成具有吸引力的多样的景观和生态基础设施。

第二，建设新的和改善已有的公共空间（各种公园绿地），依据伦敦公共空间等级指导标准（如表1所示）判定各级公园不足的区域，规划合理增加绿地。

第三，提供可以到达水系（泰晤士河及其支流水系）和绿地的公共通道，构建战略廊道，建立人行和自行车道网络。

第四，提供多种正式和非正式的休闲娱乐设施和景观，促进健康地生活。

第五，提供新的和改善已有的野生生物栖息地，减少绿地率不足的地区。

第六，利用多功能的绿地空间来进行雨水收集、净化和洪水管理；减缓和适应气候变化带来的影响。

表 1　伦敦公共空间等级指导标准

类型	规模尺度（公顷）	与住宅距离（千米）
地区公园	400	3.2 ~ 8
市级公园	60	3.2
区级公园	20	1.2
社区公园	2	0.4
小公园	< 2	< 0.4
袖珍公园	< 0.4	< 0.4
线形公园	依据具体情况而定	可行的地方就设置

资料来源：吴晓敏《国外绿色基础设施理论及其应用案例》，《中国风景园林学会 2011 年会议论文集（下册）》，2011 年 7 月。

案例三：锡斯基尤东北街雨水花园项目

位于波特兰锡斯基尤东北街（NE Siskiyou）的雨水花园是一个微型的"生态基础设施"。这个项目将街道的部分停车区域划出来，转换成两个绿化的路缘扩展区（curb extensions）。一般情况下，传统的路缘扩展区常常被用于交通稳静（道路设计中减速技术的总称）以及确保行人安全，该项目的路缘扩展区既拥有传统的优点（交通稳静），也可以收集、减缓、净化和渗透街道的雨水。

该项目本质上使街道的雨水径流与城市的雨污结合的管道系统相分离，并用景观化的处理对雨水进行现场管理。暴雨径流从1万平方英尺（约9.29平方千米）的 NE Siskiyou 街及周边车道沿着路缘石流入7英尺宽（约2.13米）、50英尺（约15.24米）长的路缘扩展区。一旦雨水进入这个区域，便被保留在一系列深度为7英寸（7.26厘米）的拦截坝状物中。根据降雨的强度，水会从拦截坝形成的一个梯级"空间"流到另一个梯级，直到植物和土壤吸收径流或达到这些"空间"的存储容量。这个景观系统渗透水的速度是每小时3英寸（17.78厘米）。如果暴雨很强，水将从该区域末端的路缘缺口溢出，流入现有的街道雨水入口。多次模拟试验表明，该项目对于减少25年一遇的暴雨所产生的街道径流的效率可达到85%。对于那些面临不透水面积日益增长和水质退化矛盾的社区，这些简单的景观办法具有不可衡量的积极影响。

除了在城市化地区帮助恢复丧失的水文功能之外，这些经过景观设计的路缘扩展区也非常美观。雨水花园所选定的植物主要是本地物种，还有一些适应性强的观赏物种，不同颜色和质地，可供全年的观赏。这里的居民每年春季都可以看到如拼贴画一样美丽的水仙花和鸢尾花在路缘扩展区中绽放，仿佛是居民自己的花园。

案例四：生态基础设施的功效——雨水径流

尽管城市生态基础设施通常被看作处理雨水径流的一种方式，但是，许多城市管理者和环保主义者都具有更广阔的视野。贝尔说："人们正在认识到它多方面的益处，树木、森林和绿化可以降低城市热岛的温度。另一点是可以改善空气质量，因为绿色植物可以吸收污染物。"马里兰州艾特蒙顿城（Edmonston）就是一个很好的范例，可说明城市生态基础设施的多重效益。这座城市沿着它的主要干道迪凯特大街（Decatur Street）建成雨水花园，使62%的雨水径流不会流入安纳考思提亚河（Anacostia River），而透水路面会转移另外的28%，这个案例就是所谓的"活的街道"。"我们也想改善街景，为当地提供就业机会，减少交通流量"，马里兰州贝尔茨维尔（Beltsville）低冲击开发中心（Low Impact Development Center）执行主任 Neil Weinstein 说，"生态基础设施会带来真正的宜居城市"。

德国斯图加特市认识到，城市热岛效应应归咎于夏季严重污染的空气，因此，这座城市对天气模式进行了分析，并制定了一项计划，以恢复"风道"畅通，让周围的山上的自然微风来净化城市，并调节城市温度。这意味着要禁止新的建筑物阻挡新鲜空气流入，也要保护现有的绿色空间，并创造开阔场地。

（二）国内城市生态基础设施建设案例

近期以来，"生态优先"作为一种设计理念出现在各种设计作品里，"设计结合自然"这种生态设计方法也为规划前期研究提供了一个统一的框架：通过简单地、连续地对地域进行研究，了解地域基本状况，从而为后续规划提供丰富的土地信息。目前在欧美等发展相对完善和活跃的地区，出现了用生态基础设施建设的思想来指导土地利用和开放空间规划，我国学者也对此有了初步的尝试。全国各地甚至出现了类似的规划类型。

案例一：深圳基本生态控制线

深圳基本生态控制线基于"生态优先"理念，在全国率先通过法律形式对生态用地划定了保护范围。深圳全市1952.8平方公里的陆地面积中，50%的用地被纳入其中，内容涵盖了：（1）一级水源保护区、风景名胜区、自然保护区、集中成片的基本农田保护区、森林及郊野公园；

（2）坡度大于25%的山地、林地以及特区内海拔超过50米、特区外海拔超过80米的高地；（3）主干河流、水库及湿地；（4）维护生态系统完整性的生态廊道和绿地；（5）岛屿和具有生态保护价值的海滨陆域；（6）其他需要进行基本生态控制的区域。

基本生态控制线的管理规定，除重大道路交通设施、市政公用设施、旅游设施和公园外，禁止在基本生态控制线范围内进行建设。而且所列建设项目应被作为环境影响重大项目依法进行可行性研究、环境影响评价及规划选址论证。控制线内已建成的合法住宅和对生态环境没有不利影响的生产经营性建筑，可以予以保留；已建成对生态环境有不利影响的合法生产经营性建筑，应进行改造或产业转型；不符合环保等法律法规要求且无法整改的合法生产经营性建筑，则应关闭，收回土地使用权并给予补偿。

案例二：合肥市绿地系统规划

合肥市城市绿地系统规划总体目标：建立以城市为核心，风景名胜区为重点，绿色长廊为纽带，城乡一体化的多类型、多层次、多功能的园林绿地系统。通过一系列绿化工程项目的建设以达到城乡绿化相互交融，城乡环境与自然环境更加协调，城乡面貌进一步改观，城乡生态环境进一步改善，森林覆盖率进一步提高，城乡一体化绿地系统的综合效益更为显著，为全面实现小康社会奠定更为良好的生态环境基础。

合肥城市大环境绿化规划在西郊一山两湖营造生态防护林1000公顷；紫蓬山森林公园再营造风景林700公顷；巢湖岸边在其1公里范围内适宜造林的地方，营造边岸防护林1400公顷，以进一步改善城市周边环境，使得生态环境更优、生活环境更美。

城市绿地系统规划结构为翠环绕城、园林楔入、绿带分隔、点线穿插。"翠环绕城"由环城公园绿带、二环路绿带、外环高速公路林带构成。"园林楔入"绿地由合肥森林公园、磨店防护林、合肥体育公园、长安公园构成。"绿带分隔"规划在上派、店埠镇和双墩镇与城市之间，布置了三个带状公园或防护带，绿带控制宽度不小于1000米。点线穿插是指城区内部均衡布局的各类公园绿地和沿河、沿路、沿线（高压走廊）绿地①。即规划建立蜀山、巢湖、紫蓬山三大风景区、一条风景绿带（南淝河沿岸）、两条花园街（阜阳路南段、黄山路）、三条环状绿带（环城公园、二环、大外环），形成新型城市园林景观。从而形成城在园中、园在城中、城园交融、园城一体的合肥城市园林新格局。

案例三：生态安全与广州生态城市发展规划

广州生态城市发展规划遵循"健康、安全、活力、发展"的城市生态可持续发展基本理念，将广州分为 66 个生态调控单元进行生态控制，通过分析广州复合生态系统承载力，选择活力、组织结构、恢复力、生态系统功能的维持、人群健康状况等 5 个要素 23 个具体指标，划分为病态、不健康、亚健康、健康、很健康等 5 个评价等级。目标：2005 年广州城市生态系统呈现健康状态，2010 年呈现生态城市雏形，2020 年建成生态型现代化城市。以"山、城、田、海"的自然特征为基础，构建广州城乡一体化的生态安全空间格局，在广州北部构筑三道"绿色生态走廊"，打通纵贯南北的"生态大通道"，建立各组团间的多组"生态隔离带"，重点保护城市绿心即万亩果园和南部水网地带的植被。力争在 2010 年之前，构建完成城市生态基本架构。

进行广州市域生态安全性等级划分后，广州主要的敏感（保护）地带位于市域的中北部与南部。应在北部山区，中部的西、中、东三个方向实施有效的生态保护，进行森林生态系统的建设，充分发挥森林的保土涵水及生物多样性保护功能，为城市内部的生态环境改善创造良好的区域环境基底。南部水网、农田及河口湾地带的滩涂湿地、生物多样性丰富的地带生态敏感性也较强，应加以保护，不应作密集的城市发展。

生态分区是在对广州城市生态安全性分析结果的基础上，进行生态环境的政策区划，从而引导城市发展与城市建设合理有序地进行。生态政策

---

① 合肥市城市绿地系统规划简介：http：//anhui. e086. cn/news/one. asp？s_ size = ％ B4％
F3&id = 6935。

区划共分三类地区：生态管护区、生态控制区和生态协调区并制定相应的城市建设和生态保护政策。

生态管护区：生态管护区是指绝对保护、禁止进行改变自然生态环境状况的地区。该区涵盖了生态敏感性最高的地区，包括广州市的自然保护区，自北向南延伸的中、低山林地，以及重要的水源涵养地、基本农田保护区、饮用水二级以上的保护区、城市组团间的结构性生态隔离带。

生态控制区：生态控制区是指以生态自然保护为主导，可以适度地、有选择地进行建设的地区。该区属临近自然保护区或与山体、林地、河流水体毗邻地区以及一般耕地、所处位置地势较高或与整体生态维育紧密相关的用地以及现状建成区中生态结构不合理的地区。

生态协调区：生态协调区是指适于进行建设，但必须重视与生态协调的地区。该区基本涵盖了绝大部分现状建设区以及适宜开发建设的生态非敏感区或低敏感区。该区应处理好城市建设与环境承载力的协调关系。

广州生态城市规划更多在考虑生态基础设施安全保障的前提下，进行城市生态规划，已经具备了生态基础设施规划的诸多安全条件，只是针对城市基础设施安全未深化、细化下去。其三大创新在于：引入了城市生态足迹分析等先进理念，规划理念领先；区别于以往可持续发展的一些定性描述，采用了遥感、GIS、软件工程及信息集成等先进的技术手段收集了大量数据，分析了广州生态系统的支撑能力及瓶颈；规划从宏观、中观、微观层次进行生态分区规划，特别是将广州划分为 66 个生态调控单元进行生态控制的方法，加之同步建立的数据库信息集成系统，使规划更具操作性。

二　国内外城市生态基础设施建设成功经验

城市生态基础设施建设为社会经济发展与生态安全提供策略性指导框架。自 1999 年美国可持续发展委员会在《可持续发展的美国——争取 21 世纪繁荣、机遇和健康环境的共识》的报告中指出：城市绿色（生态）基础设施是平衡乡村与城市、指导村镇可持续土地利用的战略措施，将绿色基础设施确定为社会永续发展的重要战略之一，到 2005 年美国佛罗里达州、马里兰州构建了完善的城市绿色（生态）基础设施系统。英国建立剑桥区域绿色基础设施体系等。目前，关于城市生态基础设施的研究起步较早，其理论体系和实践路径都相对成熟，许多国家在进行城市生态基础设施建设的探索和实践中，都不约而同地注意到城市生态基础规划的作用，并积极制定完善、严格的城市生态基础规划和环境法制，统筹安排、科学规划城市建设、经济发展与生态环境保护，为城市可持续发展提供保障。

（一）国外城市生态基础设施建设实践

美国：二战后美国城市化的高潮以及放任的郊区化造成了畸形的城市蔓延，导致城市土地的过度消耗，生态系统平衡被破坏。1990 年北美学者开始检讨这种不受控制的城市增长方式，提出生态基础设施的概念。1999 年，美国可持续发展委员会在《可持续发展的美国——争取 21 世纪繁荣、机遇和健康环境的共识》报告中，强调生态基础设施是一种能够指导土地利用和经济模式往更高效和可持续方向发展的重要战略，并将"生态基础设施体系建设"作为国家可持续发展的一种关键战略和自然生命支持系统，从而掀起了美国生态基础设施规划的热潮。波士顿的"蓝宝石项链"、南佛罗里达地区的"生态绿道"活动、马里兰州的"绿图计划"、新泽西州的"花园之州绿道"等，都形成了一个网络化的具有良好服务功能的生态基础设施体系，成为业内典范。其中，1998 年，佛罗里达州的生态基础设施由生态网络和文化游憩网络组成，全州的林荫道路计划是由自然门户、自然连接、河流走廊以及海岸线组成的生态网络，并且连接公园、市区和文化场所的休闲、娱乐、步行系统，提供了一个生态、文化、农业、娱乐的开发框架。2001 年马里兰州推行的绿图计划，通过绿道或连接环节形成全州网络系统，减少了因发展带来的土地破碎化等负面影响，并形成了相应的评价体系。

英国：尽管英国没有出现美国的大规模城市蔓延现象，但城市化过程中的生态保护、气候变化以及旧城改造问题仍然比较突出。因此，英国生态基础设施体系建设更侧重于关注城市内外绿色空间的质量、维持生物多样性、野生动物栖息地之间的多重联系以及生态基础设施在维护城市景观、提升公众健康、降低城市犯罪等方面的作用。比如，伦敦市拥有大面积的绿地并已形成了网络，其环城绿带宽度达 8~30 千米。伦敦还保留了许多自然生态系统，仅市级自然保护场所就有 130 多处，其中大型皇家公园 9 个。在此基础上，也相应地展开了一系列的生态基础设施体系建设的实践，并取得了重要成果。主要包括：2004 年英国伦敦东部绿网项目的实施；2005 年英国东伦敦地区以社会经济发展和环境重塑为目的的生态网格体系建设；2006 年成立了西北生态基础设施小组，提出生态基础设施建设是一种自然环境和绿色空间组成的系统；2007 英国东北部的堤斯瓦利为实现城市中心区经济复兴展开的生态基础设施战略；2008 年英国西北部地区为指导下层次规划而编制的生态基础设施规划导则等，均是对生态基础设施体系建设的有益探索。

加拿大：加拿大生态基础设施概念完全不同于英美等国家，是指基础设施工程的生态化，主要是以生态化手段来改造或代替道路工程、排水、能源、洪涝灾害治理以及废物处理系统等问题。1996 年，加拿大卡尔加里在 Elbow Valley 建立了用于水体净化和污染处理的实验性人工湿地，并在其发展报告中强调了生态基础设施在生态及教育方面的巨大意义。2001 年赛伯斯亭·莫菲特（Sebastian Moffatt）撰写了《加拿大城市绿色基础设施导则》。他分析了绿色基础设施的若干生态学内涵及实施绿色基础设施的关键。

德国：经过多年的充实发展，德国的城市生态基础设施规划法律制度已趋于完善。德国倡导循环经济教育、绿色认证和采购、信息与咨询服务等，并在循环经济发展方面走在世界前列。特别是太阳能技术方面，是值得夸耀的地方。比如德国弗赖堡拥有德国著名太阳能研究机构，并形成了太阳能企业、供货商和服务部门一体化的太阳能经济网络。这对弗赖堡的可持续发展发挥了重要作用。此外，德国较为成功的是"双轨制回收系统"和"德国联邦废物处理工业协会"。该协会一方面向企业提供相关技术咨询，另一方面提供垃圾回收或再利用的服务。因此，德国的垃圾分类系统是最完善的。每户德国居民住宅门前一般都有黄蓝黑绿四只色彩鲜明的垃圾桶，桶上都贴有简明易懂的垃圾分类图案。这些措施既受到居民的普遍认可，又提高了人们的环保意识。

从规划角度看，德国的城市生态基础设施规划是以《建设法典》为法律基础构建的，它又被称为"地方性规划"，认为城市规划是地方自治的基本属性，并对联邦、州政府行使监督权进行了严格的限制，成为城市建设的主导法律。目前德国的城市规划已经发展为"一核多辅"的制度模式，即以《建设法典》为核心，《联邦自然保护法》、《田地重整法》、《循环经济与废物管理法》等法规为配合的城市规划法律制度。此制度模式是经历了四十多年的发展，且在诸多积极因素影响下诞生的，例如：德国为强化大众环保意识不断努力、依法治国的社会氛围以及欧盟对其成员国环境立法方面的硬性要求等。德国的"一核多辅"制度模式从空间秩序规划、区域规划、生态保护、文物保护、土地利用等进行多层面调控、管理。

德国在城市建设中重视公众和社会组织的参与。一方面，政府鼓励公众参与，调查各年龄段、各社会阶层和各行业民众的意愿，与市民一起制定规划；另一方面，也积极寻求与各种社会组织的合作，特别是与环境保护组织的合作，这些组织可以对当局的决策予以自由的批评、建议，在广泛征求意见后开展城市规划建设工作。

澳大利亚：在生态基础设施体系建设方面，澳大利亚政府发挥了主体作用。政府采取大量收购未开发利用的土地、废弃的工厂等方案，按照城市规划组织道路、绿化、河流以及各种配套的设施建设，然后将土地出售给开发商，之后政府再用从中获得的收益来按照之前规划的方案进行学校、医院等公共配套服务设施的建设。

巴西：巴西的成功在于将重点放在综合交通运输及土地利用计划上。从 20 世纪 60 年代后期开始，用强有力的土地利用方法将可利用的城市植被面积由 1970 年的每人 0.5 平方米提高到 1992 年的每人 50 平方米。城市留出带状的土地禁止开发。1975 年，残留的河川洼地被严格的方法保护起来，转变为城市公园。由于保护了自然的排水河道，城市避免了在控制水灾上投入大量的资金，使代价高昂的水灾成为历史。较为著名的项目是 1989 年该城市面对不断加大的垃圾山，提出了有创造性的"垃圾不是垃圾"的计划。这项计划要求每一个家庭将废品分类，使市政费用显著削减。

（二）国内城市生态基础设施建设实践

我国生态基础设施的研究和实践起步较晚。从文献上看，首次有关生态基础设施的论文发表于 2001 年，而集中的探讨和应用大致始于 2006年。2002 年，俞孔坚教授提出了中国城市的生态基础设施体系建设的十大景观战略：①维护和强化整体山水格局的连续性；②保护和建立多样化的乡土生境系统；③维护和恢复河道和海岸的自然形态；④保护和恢复湿地系统；⑤将城郊防护林体系与城市绿地系统相结合；⑥建立非机动车绿色通道；⑦建立绿色文化遗产廊道；⑧开放专用绿地，完善城市绿地系统；⑨溶解公园成为城市的绿色基质；⑩保护和利用高产农田作为城市的有机组成部分等。并在北京大运河区域、广州萝岗区、浙江台州、山东东营等地区展开了实践。此外，北京、深圳、广州、海南等地根据其自身的优势和特色，也进行了生态基础设施体系的相关建设。

北京：以生态基础设施为依托，构建城乡一体化的绿地系统。80 年代以来，北京市开展了以荒山绿化、绿化隔离带、平原农田林网和城市公园为主要内容的绿化建设。进入到 21 世纪，随着建设"绿色北京"目标的提出以及规划理念的更新，城市绿地系统规划的地位大大提升，它不再仅仅是城市总体规划的一个附属部分，而是被作为独立规划编制完成，这也进一步推进了北京市城市绿地建设。构建了一个集自然生态、遗产保护、文化教育和市民游憩于一体的综合性城市绿色生态网络。

深圳：基于"生态优先"理念，深圳在 2005 年颁布实施了《深圳市基本生态控制点管理规定》，在全国率先通过法律形式对生态用地划定了保护范围。据统计，深圳全市 1952.8 平方千米的陆地面积中，50% 的用地被纳入其中。基本生态控制线的管理规定，除重大道路交通设施、市政公用设施、旅游设施和公园外，禁止在基本生态控制线范围内进行建设。而且所列建设项目应作为环境影响重大项目依法进行可行性研究、环境影响评价及规划选址论证。控制线内已建成的合法住宅和对生态环境没有不利影响的生产经营性建筑，可以予以保留；已建成对生态环境有不利影响的合法生产经营性建筑，应进行改造或产业转型；不符合环保等法律法规要求且无法整改的合法生产经营性建筑，则应关闭，收回土地使用权并给予补偿。

广州：广州在 2003 年开展了《广州市生态区划政策指引及番禺片区生态廊道控制性规划》，该规划属于专项规划，在梳理了整个番禺地区的"生态廊道"用地的功能结构基础上，由总体生态空间总体格局的控制和引导入手，规划对具体用地进行分级控制。与深圳的基本生态控制线相似，对规划廊道的建设项目实行严格控制，最值得借鉴的是，该规划按照不同的重要性梯度，把生态廊道里的各个地块在廊道系统中的生态功能定位划分为三个层级——一级控制区、二级控制区、三级控制区，并对应每一层级建立一系列保护、控制与建设指标。指标由"控制性指标"和具体的"建设导引"两部分组成。2010 年以来，广东省在吸纳欧美国家的成果，并结合珠江三角洲的实际情况和需要，由政府强有力推动的民生工程，有广泛的专家咨询队伍和专业设计团队的支持，快速而有条不紊地推进绿道建设，短时间内取得了丰硕成果。

海南：海南是生态省建设的先行者和探路者，它始终倡导生态优先，建立起绿色基础设施系统（生态、环境系统），从而达到建设绿色基础设施系统的海南示范之效果。海南生态基础设施体系建设强调应该优先于灰色基础设施和社会性基础设施（学校、医院、图书馆）的建立，同时建议在海南启动建设绿色基础设施的研究与出台实施纲要，为全国范围内建设"绿色基础设施"示范并确立指标体系。

三　我国城市生态基础设施建设存在的问题

目前我国面临的雾霾污染中，大部分污染物颗粒来自煤和油等燃料的燃烧。在号召群众绿色出行的同时，城市的交通基础设施是否为绿色出行提供了条件？国内目前有完善的城市慢行系统的城市较少，北京、上海等大城市更是严重缺乏完善的城市绿色空间体系。因此，我国城市的环境污染问题，城市生态基础设施的不完善也是重要原因之一。目前我国在城市生态基础设施建设过程中，主要的问题可以总结为以下几点。

（一）缺乏专门的管理机构

城市生态基础设施（Ecological Infrastructure，EI）的概念最早出现在联合国教科文组织的"人与生物圈计划"（MAB）中，1984年作为生态城市规划的五项原则之一被提上日程。但这个概念更多地被景观生态学、生态经济学等学者作为生态环境保护、生态网络构建中的概念所引用、研究。

我国对于城市生态基础设施的研究起步较晚，多年来，城市规划界对生态基础设施规划的研究停留在生态城市的理论构建中。俞孔坚、李迪华等（2002，2003，2004，2005）针对中国的快速城市化问题和国土生态安全，提出规划城市生态基础设施的技术途径。在此基础上提出具有普遍意义的十一大景观战略，成为生态基础设施建设的理论与城市规划和设计实践之间的便捷桥梁，并已被作为国家原建设部的《建设事业技术政策纲要》的依据（俞孔坚、李迪华，2004）。这无疑为规划界引入了新的规划思路。

城市生态基础设施是一门结合城市建筑、规划、水文、气象、政策等多种因素的复合学科，涉及多个部门的管理和维护，因此在规划初期就应有多个部门的参与。而我国的城市生态基础设施规划往往固守流程，部门与部门之间的沟通合作存在严重的割裂现象。

（二）规划地位不明确

城市生态基础设施规划的研究尚在起步阶段，而城市生态基础设施所包含的土地资源类型多样，管理分权严重。通常，城市绿地系统规划被认为是园林部门的工作，而农林地的规划更多是林业部门和国土部门的管辖范围，自然保护地有专门的林业水利部门负责。即使有明确的管理部门，在后期的所谓"动态规划"过程中，建设主体与管理部门之间的"谈判"和"交易"，亦会将其"平衡"到一块莫须有的土地上。管理的模糊性最终导致城市生态基础设施地位的不确定性和随意性。

城市生态基础设施规划尚未独立成为一种规划类型，城市绿地系统作为城市生态基础设施的重点内容之一，究其规划地位，仍处于配套性的地位，或被作为市民福利性空间的公园绿地，或在进行建设开发后为改善环境、完善配套设施而被纳入绿地规划，绿地资源的基础性地位未能提升。尽管许多城市加大了城市景观绿地的控制与建设力度，但是点状的斑块绿地体现的仅仅是指标意义和景观意义，缺乏规模和系统性的城市绿地无法创造真正意义的生态繁荣。即使曾经提出对"风景名胜区、湿地、水源保护区等生态敏感区、基本农田保护区、地下矿藏资源分布地区"等地域实行控制开发，其实质依然是在建设区域进行的一种外部性控制。

（三）缺少连通性和完整性

在规划体系中，城市生态基础设施规划的存在形式依旧是以绿地或非建设用地头衔出现。对于绿地宏观层面的技术操作已日趋成熟，而非建设用地的管理还属起步阶段，如深圳法定图则在控制性规划层面详细规定了非建设用地的土地用途、开发强度和相应的指标，2005 年出台基本生态控制线，为非城市建设用地的控制和保护提供了法律依据。

从规划内容上看，土地利用规划重点关注于控制土地开发建设的总量平衡，对于生态基础设施用地只讲求"动态平衡"；总体规划从宏观层面对 G 大类用地进行了部署，对建设用地和非建设用地做了严格的划分，强调空间格局和景观战略；控制性规划中的绿地内容也停留在城市建设区内的附属绿地、公园绿地和防护绿地，从绿地指标、用地边界和用地规模上予以控制；绿地专项规划更是侧重于自成体系，按标准将各种绿地进行更细致的划分，提出不同的开发和保护策略。因此，各规划类型对城市生态基础设施内容的控制要求都不尽相同。狭隘的认识观以及传统规划手法都已暴露出对城市生态基础设施缺乏控制。究其原因，除了因为城市生态基础设施的覆盖范围过大、涵盖内容过多、调研资料不够翔实、无法操作外，还因为在由上至下的落实规划途中规划衔接不完全，以致管理失控。

因此，当我们对生态资源进行重新审视，从区域安全高度考虑生态安全问题的时候，不得不依靠更为严格细致的手段来保证城市建成区以外更大范围内绿地的存在。规划控制的范围已不能局限于传统规划中城市绿地（G 大类）的范围，应该涉及整个生态基础设施。生态基础设施的地位应该从附属功能上升到一个关系城市兴衰的地位。为了改变过去为建设而进行控制性规划的老思想，用法定的手段来维护非建设区的生态环境、保护生态安全格局，生态基础设施控制性规划势在必行。

（四）缺乏法律法规体系

在我国，城市生态基础设施推行的最大问题是缺乏相关的政策法规支撑。目前我国城市建设的速度极快，土地开发者往往只注重短期利益，且缺乏对于城市生态基础设施的全面认识，不愿在生态保护方面投入资金。由于缺乏法律法规的硬性限制，我国很多城市地域存在着无序开发、肆意蔓延的情况。

综上所述，我国城市生态基础设施规划建设中的主要问题是缺乏专门的管理机构、规划地位不明确、缺少连通性和完整性、缺少相关法律法规的支撑等。城市生态基础设施的规划在我国的发展还处于初期，因此还有较长的路要走。

四　国内外城市生态基础设施建设对我国的启示

绿色脉络的发展与形成关系到城市发展水平和人居环境水平，关系到生态系统的平衡。社会发展与生态环境的和谐性，让我们认识到现在的城市生态基础设施建设的重要性。比如，绿地系统不完善、不合理，绿地系统与人之间的关系不够紧密。如今城市正向城市边缘地带蔓延，但需要引起注意是，城市不能再像以前的模式那样发展下去，前车之鉴必须汲取。综合国内外实践经验，成功的城市生态基础设施体系建设对我国的启示如下。

第一，单一的城市生态基础设施管理机构。从美国、英国、德国经验看，成立相应的委员会或工作组，对城市生态基础设施体系建设进行协调和管理，可以避免管理上的模糊和重叠，使监管更有效。而且由政府牵头实施的城市生态基础设施规划普遍受到公众的欢迎。

第二，强调在土地开发之前规划和设计城市生态基础设施。国外经验表明，将一片区域恢复为自然状态比保护未开发的自然地花费更大。因此，强调城市生态基础设施作为土地保护和发展的框架，要先于其他建设。马里兰州的蒙哥马利县在面临开发时，就为其溪谷公园制定了城市生态基础设施规划，保护了环绕公园 2.5 万英亩的区域。并在未来 10 年内，为该项目投入 1 亿美元，逐步建成由农场、溪谷公园、生态保护地和条形生态廊道组成的生态网络。

第三，构建生态化网络，实现"通道"联系和"孤岛"衔接。波士顿的"蓝宝石项链"、南佛罗里达州的"生态绿道"、马里兰州的"绿图计划"表明，成功的城市生态基础设施体系建设提供保护性的网络而不是孤岛式的公园，要注重连接性。这里的连接性既指功能性自然系统的资源、特性及过程之间的连通，又指各项工程和不同机构、非政府组织及私人部门人员之间的连通性。芝加哥荒野项目是一个包含社区机构组织在内的、齐心协力完成生态保护工程的例子。

第四，通过立法使保护和发展相结合，互相促进。德国经验表明，制定城市生态基础设施规划，确定受保护和值得优先保护的土地，然后通过法律法规保障其顺利实施。美国利用 GIS 技术，设定保护的优先次序，政府根据次序进行开发和保护。深圳提出基本生态控制线，也是依据法律保护和发展生态用地。以雨洪基础设施为例，虽然我国目前对于生态雨洪管理有着大量的文献资料研究，但由于缺乏相关法律法规的限制，各大城市依然存在"理论一大套，形态老一套"的尴尬局面。因此完善相关法规的制定，对于城市生态基础设施建设的落实可起到很大的推进作用。

第五，政府主导，多方参与，注重协调生态保护与利益攸关方之间的矛盾，强调实施可行性。从英国城市生态基础设施规划编制、建设和管理过程可以看出，邀请各领域专家、土地拥有者、当地居民、房地产开发商、社区里具有影响力的人物等相关利益群体参与规划的讨论会有助于项目的进行，并减少阻力。为保障规划实施的资金，提倡政府给予持续投入，并通过进行各类奖励，吸引非政府组织和民众参与其中。

第九章
天津生态基础设施建设

随着天津城市化进程的不断加快，城市内部结构和功能未能得到有效的提升和完善，许多基础设施和环保设施不能配套和协调发展，从而导致一系列问题的产生，如栖息地丧失、景观破碎化、地面沉陷等等，这些生态问题不仅引起了各界人士的高度重视，也对天津市生态基础设施建设提出了更高的要求。尽管天津生态基础设施建设具有区位、自然环境等方面的基础和优势，天津市生态城市建设也取得了一定的进展和成就，但生态基础设施建设仍面临生态需求空间大、生态空间规模小、生态功能脆弱等严峻的形势和挑战。

一 天津生态基础设施建设条件

天津市辖区面积为 11919.7 平方公里（建成区面积 453.99 平方公里，市中心区 251.25 平方公里），其中平原面积占全市陆地面积的 94%，耕地面积 4785.16 平方公里，占全市土地面积的 40.2%。2015 年末常住人口为 1546.95 万人，其中城镇人口 1278.40 万人，占 82.64%；乡村人口为 268.55 万人，占 17.36%。2015 年国内生产总值达到 16538.2 亿元，三次产业比例分别为 1.3%、46.7% 和 52%。与此同时，天津市在加快城市发展、全面提高城市竞争力的同时，更加重视城市生态环境的改善和城市基础设施发展能力的增强，城市生态基础设施发展建设规划正在逐步实施。

（一）行政区域

天津市位于北纬 38°34′至 40°15′、东经 116°43′至 118°04′之间，处于国际时区的东八区，天津市地处太平洋西岸环渤海湾边。从市中心区向西北行 137 公里即达首都北京。北起蓟县黄崖关，南至滨海新区翟庄子沧浪渠，南北长 189 公里；东起滨海新区洒金坨以东陡河西干渠，西至静海县子牙河王进庄以西滩德干渠，东西宽 117 公里。天津市域面积 11917.3 平方公里，疆域周长约 1290.8 公里，海岸线长 153 公里，陆界长 1137.48 公里。

天津地处华北平原北部，环渤海湾中心，东临渤海，北依燕山。天津距北京 120 公里，是拱卫京畿的要地和门户。对内腹地辽阔，辐射华北、东北、西北 13 个省区市，对外面向东北亚，是中国北方最大的沿海开放城市。

天津现辖 16 个区：和平、河东、南开、河西、河北、红桥、东丽、西青、津南、北辰、滨海新区（塘沽、汉沽、大港）、武清区（杨村镇）、宝坻区（城关镇）、蓟州区（蓟县）、静海区（静海县）、宁河区（宁河县）。

（二）资源环境

1. 地质、地貌

天津地势以平原和洼地为主，北部有山地和丘陵，海拔由北向南逐渐下降。北部最高，海拔 1052 米，最高峰为蓟县和兴隆县交界处的九山顶，海拔 1078.5 米。东南部最低，海拔 3.5 米，最低处是塘沽大沽口，海拔为零。地貌主要有山地、丘陵、平原、洼地、滩涂等。土壤主要有山地棕壤、山地淋溶褐土、褐土、潮土、沼泽土、水稻土、盐土等 7 类。植被大致可分为针叶林、针阔叶混交林、落叶阔叶林、灌草丛、草甸、盐生植被、沼泽植被、水生植被、沙生植被、人工林、农田种植植物等 11 种。

2. 气候、气象

天津位于中纬度亚欧大陆东岸，主要受季风环流的支配，是东亚季风盛行的地区，属大陆性气候。主要气候特征是，四季分明，春季多风，干旱少雨；夏季炎热，雨水集中；秋季凉爽，冷暖适中；冬季寒冷，干燥少雪。天津年平均气温在 11.4 ~ 12.9°C，市区平均气温最高为 12.9°C。1月最冷，平均气温在 - 3 ~ - 5°C；7 月最热，平均气温在 26 ~ 27°C。天津季风盛行，冬、春季风速最大，夏、秋季风速最小。年平均风速为 2 ~ 4 米/秒，多为西南风。天津平均无霜期为 196 ~ 246 天，最长无霜期为 267 天，最短无霜期为 171 天。在四季中，冬季最长，有 156 ~ 167 天；夏季次之，有 87 ~ 103 天；春季 56 ~ 61 天；秋季最短，仅为 50 ~ 56 天。天津年平均降水量为 520 ~ 660 毫米，降水日数 63 ~ 70 天，7、8 月份降雨量约占全年的 70%。雨水在地区分布上，山地多于平原，沿海多于内地；在季节分布上，6、7、8 三个月降水量占全年的 75% 左右。天津日照时间较长，年日照时数 2471 ~ 2769 小时，80% 的年份太阳能年辐射总量达到 5610 兆焦耳/平方米。

3. 水系、水资源

（1）河流与湖泊。天津素有"九河下梢"之称，其中南运河、子牙河、北运河、潮白河、蓟运河五大河流位于海河的上游，是天津市生产和生活的主要水源。70 年代以来，由于河系上源截流利用，以及人为性质的截弯取直，在水泥衬底等多重因素的共同作用下，天津处于重度缺水的状态。

天津地跨海河两岸，除北部与燕山南侧接壤之处为山地外，其余均属冲积平原。海河是华北最大的河流，上游长度在 10 公里以上的支流有 300 多条，在中游附近汇合于北运河、永定河、大清河、子牙河和南运河，这五条河又在天津金刚桥附近的三岔口汇合成海河干流，由大沽口入海。流经天津的一级河道有 19 条，总长度为 1095.1 公里。还有子牙新河、独流减河等 6 条人工河道，总长度为 284.1 公里。二级河道有 79 条，总长度为 1363.4 公里（见图 1）。

天津 1983 年 9 月建成引滦入津工程，由取水、输水、蓄水、净水、配水等部分组成，输水总距离 234 公里，年输水量 10 亿立方米，最大输水能力 60 ~ 100 立方米/秒。天津还多次引黄济津，利用现有渠道和河道，从山东省聊城市的黄河位山闸引水，经河北省境内的临清渠、清凉江、清南连渠，在泊镇市附近入南运河，由九宣闸进入天津境内，线路总长 392

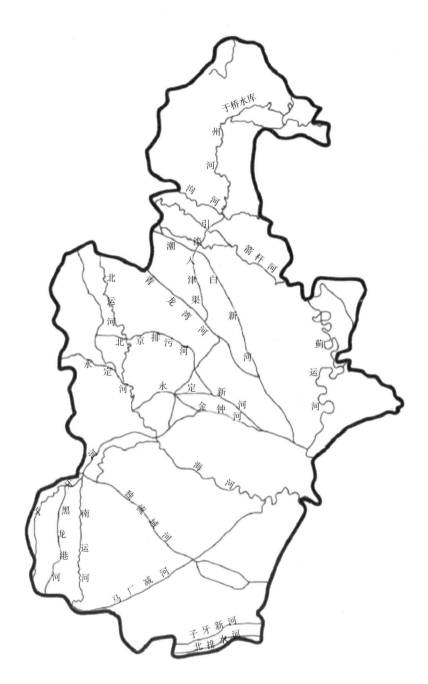

图 1 天津市域主要河流分布

公里，其中山东省境内 128 公里，河北省境内 224 公里，两省边界段 40 公里。天津市有大、中、小型水库 70 余座，主要水库有：于桥水库、北大港水库以及其他中、小型水库及蓄水河道。

由于天津地势低洼，降雨集中，容易发生内涝；同时天津毗邻渤海，海岸线也常受渤海风暴潮的袭击。特殊的地理位置以及地形特点，决定了天津市必须承担上接洪涝、下挡海潮的双重任务；天津排水体系主要由各排水小区内的排水管网或渠系、一二级河道和各级泵站三部分组成，境内沥水一般主要由排水小区内的雨污排水管网系统收集，自流或通过出口泵站机排入二级河道，经二级河道自流或通过二级河道出口泵站机排入一级河道，最后由一级河道排入海，另有部分雨水通过各级渠道排入水库、坑塘等蓄水设施。天津排水系统较为复杂，稍有技术疏漏或遇上特大暴雨，很容易在市内形成积水，极大影响城市发展。天津年平均降水量约为 542.9 毫米，在北方城市中处于中游水平。因此我们需要建立一套吸收并消纳雨水的城市系统来分担城市排水系统的压力，天津生态基础设施建设工作迫在眉睫。

20 世纪八九十年代因为工业过度发展以及市民环保意识淡薄，天津市水系均受到不同程度的污染，经过大力整顿，目前天津很多河流如子牙河、卫津河、长泰河等已经完成治理，水质等参数均符合标准。但是出于节省建设空间以及暴雨期蓄水的考虑，天津市区河岸多为直立式硬质河岸，硬质河岸会阻隔水土的连接通道，影响水生态系统。因此，河流整治工程可以在部分空间宽敞地带建立生态驳岸，使用可渗透界面，丰水期引导河水向堤岸外的地下水层渗透储存，起到涵养水分的作用。驳岸的建立要尽量避免硬质驳岸，在生态驳岸滨水区内种植各类湿地植物，可以起到净化水体、涵养水源、美化景观的作用。另外部分条件允许的河道改造工程可以考虑适当扩大河道宽度，以吸纳蓄存更多的雨水。

（2）水资源。天津市的水资源利用主要分为三大部分，即蓟运河山区、海河北系平原和淀东清南平原三个水资源分区。天津多年平均地表水量约 10.2 亿立方米，80% 集中于每年的 6 月份到 9 月份，且降雨量是蒸发量的 3 倍。地表水资源不仅在时间分配上差异大，空间分布也很不均匀。比如，在天津的永定河以北地区面积约占全市 57%，但水资源量却占全市的 68%，而永定河以南的水资源所占比重仅为 32%。据统计，天津市境内地下水资源包括孔隙水、岩溶水和矿化度 2~3g/L 的微咸水在内，总量约 8.32 亿立方米，其中平原区 7.63 亿立方米，山区 0.69 亿立方米。

第一，水资源短缺。水资源短缺是天津市可持续发展的一个瓶颈。随着天津经济的发展、人口增加，用水量也在持续上升。目前，包括当地径流、入境水量、地下水可开采量，扣除重复计算量，天津市的水资源总量不过 11.37 亿立方米，水资源人均占有量约 111.84 立方米，若加上年平均 7.7 亿立方米的引滦水，人均水资源占有量仅相当于全国人均占有量的 10%。按照国际通用标准，人均水资源少于 1700 立方米的国家属于用水紧张的国家，以此来推算，天津属于贫水国中水资源严重短缺的地区。从 2004~2014 年（如表 1 所示）天津市水资源情况看，天津市水资源总量最高为 2012 年的 32.9 亿立方米，最低是 2010 年仅有 9.2 立方米，相应地，2012 年人均水资源最高为 232.95 亿立方米/人，最低则为 2010 年 70.81 亿立方米/人，可以看出，天津人均水资源水平距离国际通用的标准还有很大的差距。

表 1　2004~2014 年天津市水资源情况

单位：亿立方米

年份	水资源总量	地表水	地下水	地表水与地下水重复量	人均水资源（m³/人）
2004	14.3	9.79	5.16	0.64	140.64
2005	10.6	7.13	4.44	0.94	102.87
2006	10.1	6.62	4.46	0.97	95.47
2007	11.3	7.50	4.76	0.95	103.29
2008	18.3	13.61	5.91	1.22	159.76
2009	15.2	10.59	5.60	0.95	126.80
2010	9.2	5.58	4.45	0.83	70.81
2011	15.4	10.89	5.22	0.73	113.54
2012	32.9	26.54	7.62	1.24	232.95
2013	14.6	10.80	5.01	1.17	145.82
2014	11.4	8.33	3.67	0.03	111.84

数据来源：2015 年天津统计年鉴。

　　第二，水质污染交互影响。由于天津入境河流水量不断减少，加上长期的干旱少雨，在引滦、引黄过程中，受到沿线工业废水和城镇生活污水的影响，入境水质存在安全隐患。比如，于桥水库由工业和生活污水排放、周边农村生活、畜禽养殖、农田沥水所引起的面源污染，造成水质状况不乐观。尽管天津市农业用水水质达标率稳步提升，但由于区域之间差异较大，景观河道周边市政管网的雨污分流尚不完善，导致降雨后景观河道水体迅速恶化，出现水体黑臭现象，并并常伴有死鱼等生态破坏事件发生。加之，一些河段闸门长期关闭，引发垃圾聚集，不仅影响水质，还丧失了景观功能。处于河流下游的水质难以达标，包括蓟运河、潮白新河、永定新河、独流减河等。可见，水资源短缺和水污染成为天津市产业发展面临的重要问题，随着经济的发展和人口的不断增加，工业和城镇生活污水排放量不断加大，天津市水环境改善压力也将会不断增大。

　　第三，近岸海域水质现状堪忧。天津市近岸海域年平均入海径流从20世纪50年代的144.3亿立方米减至2000年的3.8亿立方米。近年来，天津近岸海域功能监测频次达标率出现逐年下降的趋势，由2006年的60%下降到2010年的38.9%，下降了21.1个百分点。全年以劣Ⅳ类水质为主，无Ⅰ～Ⅱ类水质，不仅污染了海洋水质，还导致海洋水体的富营养化，成为出现赤潮的根源。此外，海河水盐碱度较高，水量也不够，因此已经不用于饮用。过去天津地下水蕴藏量丰富，北部山区多为岩溶裂隙水，矿化度低，水质较好，但是近年来地下水长期超采，已经产生了严重的负面效应，包括地面沉降、海水入侵和地下水污染等。另外，天津市河流占市域面积的比重不高（如图2所示），2014年天津人均水资源占有量仅111.84立方米/人，不到全国人均占有量的1/7。

　　与此同时，随着天津市沿海地区产业发展的需要，海岸带开发利用及近岸填海造路工程扩大，这对京津冀区域内的水质生态系统产生了一定的破坏，相应的海洋渔业资源也会受到影响，鸟类栖息地的功能也随之减弱。因此，控制陆源污染，尽快修复天津市海域水生态系统刻不容缓。

　　4. 土地

　　天津市总面积11919.7平方公里，市域周长900公里，海岸线长153公里。山地面积651平方公里，占总面积的5.75%，平原面积

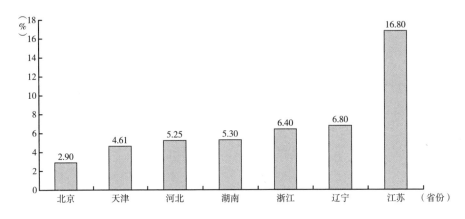

图 2 河流占总区域面积比例

10664 平方公里，占总面积的 94%；耕地面积 4383.10 平方公里，占全市土地面积的 36.8%。人口密度 844.97 人/平方公里，人均耕地 475.10 平方米/人（低于国际公认的生存与发展的极限值 533 平方米/人）。全市的土地，除北部蓟县的山地、丘陵外，其余地区都是在深厚沉积物上发育的土壤，其中褐色土是耕性良好的肥沃土壤。天津尚有 270 多平方公里的平原荒地滩涂有待开发，是发展石油化工和海洋化工的理想场所。在渤海湾西岸的海河、蓟运河尾间还有面积 1813 平方公里的滨海湿地资源。

天津市自 1958 年开始污水灌溉农田，1999 年污水灌溉面积占灌溉总面积的 66%。其中，直接污水灌溉 11.5×10^4 公顷，间接污水灌溉 11.9×10^4 公顷。1991～1998 年利用污水灌溉水量平均 6.15×10^8 立方米/年，占灌溉总用水量的 40.4%。经测试，直接污水灌溉区农田普遍受到重金属的污染，污染元素多达 24 项，污染严重的地段超过国家土壤环境质量标准的元素有六项，依次是镉、汞、锌、铜、铬、镍。污水灌溉是水资源短缺的必然产物。工业排污和引污水灌溉造成土壤、浅层地下水、农作物污染，并通过食物链的传递，危害人群健康，所以土壤污染的紧急治理已经迫在眉睫。

自 1959 年就已发现天津市存在明显的地面沉降，随着天津市经济建设活动步伐的加快，地面沉降现象越来越严重。近五十年来，地面沉降量超过 1000 毫米的面积达 4080.48 平方公里，并形成了多个沉降中心。1959～2000 年最大累计沉降值中心城区已达 2.85 米，滨海塘沽城区达 3.14 米，汉沽城区 2.89 米。1991～2000 年 10 年间，天津市中心城区年平均地面沉降量基本控制在 10 毫米，塘沽城区控制在 15～20 毫米。在天津市西郊、武清城区、海河下游、汉沽城区地面沉降量仍然较大，10 年平均沉降量均在 40～70 毫米。塘沽城区和汉沽城区均有 8～9 平方公里的面积低于海平面。目前，尽管在市区和塘沽等地区，地面沉降控制已取得明显效果，但地面沉降仍然很严重，这不仅会对农业产生影响，还会在一定程度上制约天津市产业的发展。

5. 其他资源

（1）矿产资源。天津市已探明的金属矿、非金属矿资源和燃料、地热资源有 30 多种。金属矿产主要有锰硼石、锰、金、钨、钼、铜、锌、铁等 10 余种，其中锰、硼不仅为国内首次发现，也为世界所罕见。非金属矿产主要有水泥石灰岩、重晶石、迭层石、大理石、天然石、紫砂陶土、麦饭石等。金属矿和非金属矿主要分布在天津北部山区。燃料资源埋藏在平原地下和渤海大陆架，主要有石油、天然气、煤。已探明的石油储量为 4.5 亿吨，天然气储量 140 亿立方米。已探明分布在蓟县下仓及宝坻区北潭一带的蓟宝煤田，面积 72 平方公里，含煤地层总厚度 530 米，储量 6.8 亿吨。天津平原地区蕴藏着较为丰富的地下热水资源，具有埋藏浅、水质好的特点，目前已发现 10 个有勘探和开发利用价值的地热异常区，热水总贮量 1103.6 亿立方米，是中国迄今最大的中低温地热田。

（2）生物资源。天津的生物资源也很丰富。植物资源有维管束植物 1049 种，分属于 149 科、527 属，自然植被主要分布在蓟县山区。动物资源主要有獐、狍、狼、狐狸、黄鼬、野兔、岩松鼠、赤足鼯等，多见于蓟县山区；在广大平原地区，比较常见的是草兔、鼠类、黄鼠狼及刺猬。天津的鸟类有 235 种，分属 17 个目、48 个科。国家一级保护鸟类有白鹳、灰鹤等，二级保护鸟类有大天鹅、疣鼻天鹅、鸳鸯、斑嘴鹈鹕、金雕、白尾海雕和大鸨等。天津水产丰富，近海的有带鱼、小黄鱼、黄姑鱼、鲈鱼、对虾、海蟹、贝类等 150 多种；河渠、池塘养殖的淡水鱼有鲤鱼、鲢鱼、鲫鱼、草鱼等 59 种。

（3）旅游资源。天津旅游资源丰富，燕山山脉雄伟秀丽，华北平原广袤无垠，渤海湾白浪滔天，自然风景与文物古迹交相辉映。不仅有中外闻名的蓟县中上元古界标准地质剖面、八仙桌子天然次生林生态自然保护区、全新世古海岸线遗迹——贝壳堤等自然名胜，还有数量众多的保存在地上地下的遗址、遗迹、文物。天津形成了以海河为风景轴线，以津河、卫津河、月牙河、北运河，繁华金街，鼓楼商贸街，异国风貌五大道等为辅的市中心旅游区；以港口、盐场、油田为主，且具有海湾特色的塘沽滨海游乐区；以自然风景和名胜古迹为特点的蓟县旅游观光区。天津与中国近代史有关的景点较多，如炮台是反帝的见证，望海楼与"天津教案"、义和团运动有关，张园曾是孙中山下榻处，南开学校是周恩来总理的母校。古文化街、食品街、服装街、旅馆街等商业街，以及大街小巷随处可见建制独特的各式小洋楼构成了天津的旅游特色。

（三）基础设施和生态建设

自 2002 年以来天津市开展了创建"国家环境保护模范城市"的"创模"行动，陆续实施了"蓝天工程"、"碧水工程"、"污染防治工程"、"安静工程"、"生态保护工程"和"创模细胞工程"六大环境保护和建设专项工程。2015 年，天津市委、市政府全面推进"美丽天津·一号工程"，全力实施清新空气、清水河道、清洁村庄、清洁社区和绿化美化"四清一绿"行动，重点解决影响群众健康的突出环境问题，目前全市环境空气质量得到改善，饮用水源地水质保持良好，声环境质量处于良好水平。天津的环境空气中首要污染物为可吸入颗粒物，采暖期的二氧化硫污染突出，地表水体污染问题严重，近岸海域水质达标任务较重。

1. 天津城市基础设施建设

从 2012～2014 年天津城市基础设施建设情况（如表 2 所示），可以看出，天津城市供水、供热、供气、城市排污、城市固体废弃物处理、城市公交等基础设施方面的水平，逐年在提升，受惠人群也在逐年扩大。

表2 2012～2014年天津城市基础设施建设情况

		2012年	2013年	2014年
城市供水	自来水供水能力（万吨）	439.54	453.54	447.15
	全年供水总量（万吨）	77218	78631	81249
	生活用水（万吨）	32456	34479	35691
	用水人口（万人）	649.41	663.66	786.49
城市供气	天然气家庭用户（户）	2945182	3140010	3408677
	液化气家庭用户（户）	59628	62705	68598
	用户普及率（100%）	100%		
城市供热	城市集中供热面积（万平方米）	30000	32897	34240
	热水管道长度（公里）	16190	17423	17352
城市固体废弃物处理	生活垃圾无害化处理率（%）	100	97	97
	无害化处理厂能力（吨/日）	9500	10500	9400
	工业固体废弃物综合利用率（%）	99.22	98.88	98.91
城市排污	建成区排水管道密度（公里/平方公里）	24.59	24.95	23.52
	城市污水处理能力（万吨/日）	254.6	259.0	260.0
	污水处理率（%）	88.2	90.0	91.0
公共交通设施	开通公交运营线路（条）	536	566	657
	投入公交运输车辆（辆）	8405	9670	11164
	运行线路网长度（公里）	12732	13460	14881
	万人拥有公交车辆（标台）	16.2	17.0	18.3

数据来源：2015年天津统计年鉴。

天津市用水普及率为100%，生活用水量从2012年的32456万吨上升到2014年的35691万吨。工业用水重复利用率不断上升，2014年天津市全年城市污水处理率为91%，城市工业固体废弃物综合利用率在99%左右上下浮动。城市供气用户普及率从2012年开始一直是100%。城市集中供热面积由2012年的30000万平方米上升到2014年的34240万平方米。城市污水处理能力从2012年的254.6万吨/日上升到2014年的260.0万吨/日，但建成区排水管道密度由2012年的24.59公里/平方公里下降到2014年的23.52公里/平方公里。这充分表明城市化的发展速度高于城市基础设施的建设速度，配套设施还有待进一步完善。此外，城市公共交通体系逐步完善。以公交车为例，天津开通的公交运营线路由2012年536条上升到2014年657条，投入公交运输的车辆也从2012年的8405辆增加到 2014 年 11164 辆，运行线路比 2012 年增加了 2149 公里，每万人拥有公交车辆增加了 2.1 标台。

2. 天津城市生态建设

随后，天津市又制定并实施了《天津生态城市建设三年行动计划(2008～2010 年)》；2009 年，天津市提出了全力构筑生态宜居高地的建设目标。经过七年的建设，天津形成了清新靓丽、大气洋气的城市形象。

(1) 生态资源保护力度加大。生态宜居方面，天津 2008～2015 年连续八年开展大规模市容环境综合整治，城市环境更加优美。2014 年城市园林绿地总面积 25307 公顷，比 2013 年增长 14%，公共绿地面积为 7652 公顷，人均公共绿地面积 9.7 平方米，全年植树 133.6 万株，年末实有树木 6957.3 万株，建成区绿化覆盖率 34.9%。近年来，天津市园林绿化工作坚持"低碳、生态、大绿"，全面实施了外环绿带、道路绿廊、公园绿化、垂直绿化、绿荫泊车、城市绿道的"六绿工程"，至 2014 年，新建提升各类绿地 2784 万平方米，新增绿化面积为 2013 年的 4.4 倍，栽植树木 590.8 万株，城市绿化覆盖率、绿地率、人均公园绿地面积分别达到 36%、31.5%、11.5 平方米。按照"生态大绿"的要求，2015 年新建和改造提升绿化 2000 万平方米，建设改造公园 40 个，城市绿化覆盖率、绿地率、人均公园绿地面积分别达到 38%、32%、12 平方米以上，着力"十绿"建设提升工程。

湿地保护方面，天津以保护和恢复中心城市南北两大片湿地为重点，通过加强大黄堡、北大港、七里海三个重要湿地保护区域的管理，在独流减河、永定新河、蓟运河等河道堤坝上营造生态林带，在黄港、营城水库种植立体仿天然森林带，在北大港水库增加种植芦苇、香蒲等这些湿地保护措施，加大湿地保护力度。2012 年天津湿地覆盖率达到 15.74%。

自然保护区监管方面，推动八仙山、蓟县中上元古界、天津古海岸与湿地、青龙湾固沙林等国家级、市级自然保护区建设。据统计，我国已经建成自然保护区 2729 个，85% 的陆地生态系统类型和野生动植物得到有效保护。我国已经基本建成以自然保护区为骨干，包括风景名胜区、森林公园等不同类型保护地的生物多样性保护网络体系。天津市 1984 年至今已经建成 8 个自然保护区。其中 3 个为国家级自然保护区：蓟县中上元古界国家级自然保护区、古海岸与湿地国家级自然保护区、八仙山国家级自然保护区，5个为市级自然保护区：盘山自然风景名胜古迹自然保护区、团泊鸟类自然保护区、北大港湿地自然保护区、大黄堡湿地自然保护区、宝坻区青龙湾固沙林自然保护区。全市自然保护区总面积已达到9.1万公顷，占全市面积的12.8%，达到世界发达国家水平。

（2）生态产业规模迅速壮大。近年来，天津市节能环保、新能源和节能材料产业发展速度显著加快。作为中国北方环保科技产业基地，天津现已形成环保设备、资源综合利用、环境保护服务等多种新兴产业共同发展的格局。2014年节能环保工业总产值为43.71亿元，比2013年增长了1.73倍。污水处理、工业废水深度处理、垃圾和固体废物处理、汽车尾气净化等多项技术居国内先进水平，膜材料加工、膜技术应用、海水预处理、反渗透、低温多效等产品和成套设备达到国际先进水平。2014年实施合同能源管理的企业全年节约近36万吨标准煤。天津新能源和节能材料产业在全国起步较早，2014年工业总产值达到887.98亿元，是2010年的6倍。现已凭借绿色电池、光伏发电、风力发电等为骨干的多样化产业门类，形成10亿只锂离子电池、6亿只镍氢电池、350兆瓦光伏电池和7500兆瓦风电整机生产能力。天津新能源产业的绿色电池在生产技术、研发实力和产业化水平上均处于全国领先，锂离子电池和镍氢电池生产能力居全国第一。亚洲首家第三方风能技术中心——通标标准技术服务有限公司天津风能技术中心正式运营。风电装备形成了从主机设备的整套机组到电机、齿轮箱、叶片等配套零部件较为完整的产业链，成为国内最大的风力发电设备生产基地。

（3）生态环境治理卓有成效。水环境专项治理取得突破。完成中心城区10条河道和大沽排水河以及29条农村河道治理。国控河流水质达标断面比例上升8.6%，劣V类水质断面比例下降8.6%。城市饮用水源地水质状况良好，水质达标率为100%。引滦输水水源地于桥水库出水达到地表水Ⅲ类水质标准，南水北调中线输水稳定达到地表水Ⅱ类水质标准，全市饮用水源地水质达标率连续14年保持100%。景观水体中，津河和水上公园水质较好，达到地表水Ⅳ类水体水质标准；卫津河、子牙河市区段、北运河市区段次之，达到地表水Ⅴ类水体水质标准；海河市区段、新开河、月牙河等河流受清淤和施工影响水质较差，总体为劣五类水体，主要污染因子是氨氮和生化需氧量。据统计，2015 年全市 82 个水环境功能区断面中，劣 V 类断面为 54 个，占比 65.9%，主要污染因子为化学需氧量、高锰酸盐指数和生化需氧量。近岸海域功能区水质达标率为 31.0%。全市 46 家重点污水处理厂达标率为 94.0%，同比提高 17.3 个百分点。近岸海域水质达标率为 33.3%，主要污染指标为石油类、无机氮和无机磷。

环境质量进一步改善。2015 年，天津市环境空气质量达标天数 220 天，达标率 60.3%，同比增加 45 天，其中一级优的天数增加 36 天；重污染天气 26 天，同比减少 8 天。空气中 6 项主要污染物中，SO_2、CO、O_3 三项污染物浓度低于国家标准，PM2.5、PM10 和 NO_2 三项污染物浓度仍有超标，但较 2014 年均有明显下降。其中，PM2.5 平均浓度 $70\mu g/m^3$，同比下降 15.7%；PM10 平均浓度 $116\mu g/m^3$，同比下降 12.8%；NO_2 平均浓度 $42\mu g/m^3$，同比下降 22.2%。各项污染物浓度除 O_3 外，呈现冬季高、夏秋季低的特点。与 2013 年相比，2015 年全市空气质量达标天数从 145 天提高到 220 天，达标率上升了 20.3 个百分点；PM2.5 浓度从 $96\mu g/m^3$ 下降到 $70\mu g/m^3$，下降 27.1%。

声环境质量处于较高水平，并逐年提高。其中城市区域环境噪音平均声级为 55 分贝，道路交通噪音平均声级为 68.2 分贝。环境噪声达标区总面积 539.1 平方公里。天津环境噪声声源按构成比重排序依次为：社会生活噪声 52%，交通噪声 30%，工业噪声 15%，施工噪声 3%。截至 2014 年，居住区、混合区、工业区昼夜间噪声均值均符合国家标准。天津市建成区区域环境噪声昼间平均值为 53.9 分贝，全市建成区道路交通噪声昼间平均值为 67.5 分贝，声环境质量总体较好。

（四）社会经济状况

天津市经济建设处于快速发展阶段，资源、能源消耗和污染物排放大幅增加，环境质量比较脆弱，经济社会发展面临巨大的环境污染压力。为了保障天津市经济社会的可持续发展，需要充分考虑环境的承载能力，加快生态基础设施建设，使之向更加均衡的模式发展。

1. 天津发展的历史沿革

天津地区的形成始于隋朝大运河的开通。唐中叶以后，天津成为南方粮、绸北运的水陆码头。宋金时称"直沽寨"，元朝改称"海津镇"，是军事重镇和漕粮转运中心。明永乐二年（1404年）筑城设卫，称"天津卫"。17世纪以来，天津地区经济、社会有了进一步发展，城市规模不断扩大。1860年被辟为通商口岸，工业生产和口岸贸易额仅次于上海，成为当时中国的第二大工商业城市和北方最大的金融商贸中心。1931年，天津有商号17000多家，以现代机修工业为主的工业及手工业4000多家，外贸出口占全国总量的25%。1935年，天津有华资银行10家，分行、支行93家，外资银行16家。新中国成立时，天津建成区面积61平方公里，人口179万，后经多次行政区划变更，1973年后形成目前的辖区范围和区县建制。

天津市辖区面积由新中国成立初期的151.343平方公里发展到现在的11919.7平方公里，城镇建设用地总面积也由1986年的243.64平方公里增加到2002年的453.99平方公里。目前天津市已基本形成了中心城市、近郊区和远郊区三大区的体系结构。市内六区有：和平区、河北区、河东区、河西区、南开区、红桥区；近郊区：北辰区、东丽区、津南区、西青区、滨海区；远郊区有：武清区、宝坻区、蓟州区、宁河区和静海区。

2. 天津市的人口特征

（1）人口增长历程。新中国成立以来，天津市的行政区划几经变动，人口总量的变动也伴随区划变动而大起大落，从而难以衡量人口总量实际变动的大小。天津市人口总量变化大体经历了三个发展阶段：第一阶段（1949～1964年），是人口总量的高速增长阶段，人口年均递增率高达3.03%；第二阶段（1965～1979年），是人口总量的缓慢增长阶段，人口年均递增率1.06%；第三阶段（1980年至现在），是人口总量的平稳增长阶段，1980～1990年人口年均递增率在1.27%，1990年至今人口增长率低于0.8%，总人口保持稳定、低速增长。

（2）人口现状特征。截至2015年末，全市常住人口1546.95万人，比上年末增加30.14万人；其中，外来人口500.35万人，增加24.17万人，占常住人口增量的80.2%。常住人口中，城镇人口1278.40万人，城镇化率为 82.64%；65 岁及以上人口 148.66 万人，占 9.6%。

2015 年末，天津市常住人口自然增长率为 0.23‰，比 2010 年末下降 2.37 个千分点；2015 年末自然增长人口 0.36 万人，比 2010 年末减少 2.93 万人。2015 年末出生率为 5.84‰，比 2010 年末下降 2.34 个千分点。死亡率为 5.61‰，比 2010 年末上升 0.03 个千分点。全市常住人口中，男性人口为 840.91 万人，占 54.36%；女性人口为 706.04 万人，占 45.64%。总人口性别比（以女性为 100，男性对女性的比例）由 2010 年末的 114.50 上升为 119.10。全市常住人口中，乡村人口为 268.55 万人，占 17.36%。与 2010 年末相比，城镇人口增加 244.81 万人，比重上升 3.09 个百分点；乡村人口增加 2.85 万人，比重下降 3.09 个百分点。

（3）人口集中导致城市生态基础设施建设压力大。天津市人口平均密度超过 140 人/平方千米，为维系区内众多人口的生存和发展，土地资源开发呈现超强垦殖状态。

据统计，2014 年天津市土地总面积为 11916.85 平方公里，未开发利用土地仅剩 847.88 平方公里，占全市土地总面积的 7.1%。这表明，天津市大部分土地已被开发利用。其中，农用地面积由 2013 年的 7061.73 平方公里降到 2014 年的 7009.56 平方公里，建设用地面积从 2013 年的 3999.25 平方公里上升为 2014 年的 4059.41 平方公里。可以看出，建设用地的增长速度超过了耕地的退化速度。在农用地中，园地和林地两者面积的总和只占到全市土地总面积的 7.2%。在现有耕地中，绝大部分是旱涝难保收的中低产田，水浇地和基本旱作农田只占耕地面积的 25%；现有草场中，绝大部分是严重退化草场，人工草场和得到人工保护利用的草场只占草场总面积的 8%，土地资源超强垦殖，导致区内大部分土地可持续纯收益下降，也导致天津城市生态基础设施建设的压力较大。

3. 天津的综合经济实力

天津是中国北方最大的沿海开放城市，是环渤海地区的经济中心。2015 年，天津市生产总值 16538.19 亿元，按可比价格计算，比上年增长 9.3%。其中，第一产业增加值 210.51 亿元，增长 2.5%。第二产业增加值 7723.60 亿元，增长 9.2%；其中，工业增加值 6981.27 亿元，增长

9.2%；第三产业增加值 8604.08 亿元，增长 9.6%，占全市生产总值的 52.0%，首次超过第二产业，形成"三二一"产业结构。同时，天津国家自主创新示范区发展规划纲要正式出台，"一区二十一园"建设稳步推进。积极推动大众创业、万众创新，在滨海新区设立"双创特区"，全市众创空间达到 106 个。新产业、新业态加速集聚，2015 年，高技术产业（制造业）增加值占规模以上工业的 13.8%，比上年提高 1.5 个百分点；批发零售业网上零售额 244.03 亿元，增长 95.2%，占限额以上社会消费品零售总额的 8.9%，比上年提高 3.9 个百分点，快递业务量增长 1.1 倍。科技型企业发展优势转化为发展动力，全市新增科技型中小企业 13778 家，其中"小巨人"企业 510 家，主要集中在新能源、生物医药、节能环保、高端装备制造等新兴产业领域；1~11 月，工业"小巨人"企业利润总额增长 26.7%，税金总额增长 23.7%，分别快于规模以上工业 25.1 个和 7.3 个百分点。

4. 天津市产业发展状况

改革开放以来，天津市大体上保持着"二三一"产业结构。第二产业一直是天津市经济发展的支柱产业。1994 年，天津市第二产业占地区生产总值的比重为 56.6%，大于第一产业和第三产业所占比重之和。

天津的第二产业呈现出港口经济和先进制造业并重发展态势。2004~2008 年间天津的经济增长主要是依靠第二产业的支撑，第二产业的发展速度也远超第三产业。随着京津冀一体化战略的实施，天津市作为京津冀产业发展的经济纽带，在快速发展高端制造业、港口经济等的同时，需要融合北京的科技创新优势和河北的低生产成本优势，实现产业升级和产业链延伸。基于此，天津产业定位和发展方向也进行了调整。2014 年，天津市 GDP 达 15300 亿元，第二产业增加值占全市生产总值的比重为 48%，呈现双向驱动的发展趋势。海港吞吐量超过 5 亿吨和 1300 万标准箱，空港货运量和乘客量分别增长 15% 和 18%。先进制造业形成以装备制造、石油化工、航空航天、生物医药、节能环保、轻工纺织、金属制品、新能源新材料等八大优势产业。

天津市第三产业的发展受到北京方面的影响，主要是集中在金融、物流、文化产业这几个领域，且与北京形成竞争趋势，相比之下，天津市第三产业的发展相对滞后，还处于不断扩张的成长阶段。虽然第二产业在天津市的生产总值仍占有较大比重，但是随着近年来对产业可持续发展的要求，天津也结合自身特点对第二产业的结构进行了优化升级，将生产性服务业与现代制造业紧密结合，努力形成现代工业的服务支持体系，同时，大力加强第三产业的引进和发展，努力发展金融保险业、信息服务业和交通运输等生产性服务业，完善产业发展的配套体系，扩大对周边地区的辐射能力和辐射范围。据统计，2015 年天津第三产业增加值为 8600.2 亿元，占全市生产总值的比重为 52%，首次超过第二产业，形成"三二一"的产业结构。

二 天津市生态基础设施建设进展与面临的挑战

2002 年，天津市确立了创建"国家环境保护模范城市"的目标，并陆续实施了"蓝天"、"碧水"、"污染防治"、"安静"、"生态保护"和"创模细胞"六大环境保护和建设专项工程。2006 年，天津首次提出构建"生态城市"的目标，并陆续颁布和实施了《天津市生态城市建设规划纲要》和《天津市生态市建设"十二五"规划》，这些目标无论从定位、规划还是实施层面，均有着生态基础设施的理念和特征，可以说是为生态基础设施建设奠定了基础。但也要注意到，天津城市化进程中出现的资源约束趋紧、环境污染严重、生态系统退化等问题，使生态基础设施建设仍然面临生态空间规模小、生态需求空间大、生态功能脆弱等严峻的形势和挑战。

（一）天津生态基础设施建设的进展情况

除了天津优越的地理位置、多样的自然生态系统和独特的历史文化外，天津生态城市建设的不断推进、城市空间发展格局的不断优化，以及经济社会的快速发展对生态基础设施建设具有推动和促进作用。

1. 生态城市建设的不断推进，为城市生态基础设施体系建设奠定了基础

2011 年，天津市环境空气质量优良率为 87.7%，饮用水源地水质达标率连续七年为 100%，声环境质量处于良好水平。城市绿化面积由 2012 年的 22319 公顷增加到 2014 年的 25307 公顷，增加了 13.4%。林地覆盖率由 2007 年的 18.4% 增加到 2010 年的 21.3%，生态环境得到了有效改善①。生态产业体系建设初具规模，生态文明观念逐步树立。尤其在中新天津生态城建设中强调了内部结构与区域生态格局网络的衔接，形成了以清净湖（治理后的水库）、问津洲（现状是高尔夫球场，规划称宜改为中央公园）组成的生态保护中心，以蓟运河故道和两侧缓冲带组成的生态廊道，以若干游憩娱乐、文化博览等场地组成的生态斑块。同时中新生态城建设还强化了对生态保护的要求，如本地植物指数大于或等于 0.7，人均公共绿地面积 2013 年大于或等于 12 平方米/人。这些成效和举措为天津生态基础设施建设奠定了良好的基础。

2. 天津城市发展格局不断优化，为城市生态基础设施建设构建了良好的框架结构

2009 年 6 月，依据《天津市空间发展战略规划》提出了"双城双港、相向拓展、一轴两带、南北生态"的城市空间发展战略规划，通过"南北生态"保护区的建设，构建天津城市生态屏障，融入京津冀地区整体生态格局，完善城市大生态体系。据统计，大黄堡湿地建设工程不仅保护了芦苇的生长环境，也使保护区林木覆盖率由 4.9% 提高到 8.5%。在此基础上，天津市先后提出"两横四纵"、"三区、四廊、五带"的生态服务网络系统布局结构，有效地保护了天津的生态资源，提高了市域南北部之间以及中心城市内部之间的生态连通性，构建了多层次、多功能、网络化、城乡一体的市域生态体系。

3. 天津经济社会快速发展，为城市生态基础设施建设提供了动力和支持

近五年来（如表 3 所示），天津市生产总值年均增长 12.4%；全市生产总值从 2011 年的 11307.3 亿元增加到 2015 年的 16538.2 亿元，增长 46.2%；人均生产总值也从 2011 年 85213 元增长到 2014 年的 105231 元，增长 23.5%。其中，第一产业增加值稳中有升，增加值所占比重基本保

---

① 数据来源：2014 年天津统计年鉴，2007、2010 年天津环境状况公报。

持不变。第二产业增加值增幅也不是很大，但第二产业生产总值占全市生产总值的比重却呈下降趋势；第三产业增加值逐年上升，且第三产业所占比重逐年上升。2015 年天津第三产业所占比重达到 52.0%，首次形成"三、二、一"的产业结构。这种增长趋势势必会促使天津生态基础设施建设进入一个快速发展时期。

表 3 2011～2015 年天津市生产总值

年份	地区生产总值（亿元）	人均生产总值（元）	第一产业		第二产业		第三产业	
			增加值（亿元）	比重（%）	增加值（亿元）	比重（%）	增加值（亿元）	比重（%）
2011	11307.3	85213	159.7	1.4	5928.3	52.4	5219.2	46.2
2012	12893.9	93173	171.6	1.3	6663.8	51.7	6058.5	47.0
2013	14442.0	100105	188.5	1.3	7308.1	50.6	6945.4	48.1
2014	15726.9	105231	201.5	1.3	7766.1	49.4	7759.3	49.3
2015	16538.2	—	201.51	1.3	7723.6	46.7	8604.1	52.0

数据来源：2015 年天津统计年鉴，2015 年天津经济状况公报。

众多实践表明，生态基础设施建设可以引导城市开发，带动城市发展。以美国费城为例，为了改变城市河流排水系统在雨季造成的洪涝和水污染状况，2009 年美国费城水利局为设定的绿色城市洁净用水计划规划的三重底线分析，计划在未来的 24 年内在城市生态雨水基础设施建设方面（绿色街道、绿色屋顶、可渗透铺装等）投资 25 亿美元。项目投资的收益表现在城市环境改善、提供就业服务、节省排水官网施工费用、缓解城市热岛效应等，如环保职位需要雇佣 250 人，100 万美金或更多娱乐价值，节省下电能的 600 万美金，每年节省 80 亿个英制热单位的燃料，并有效的缓解城市中心的热岛效应。再比如，每两年在中国举办一届的园林博览会及其园博园建设，在改善局部环境的同时，均带动了周边土地的开发和城市建设。国外有研究表明，靠近生态基础设施的地块比其他同类地块价值至少高10%～30%。这一点在中国也得到了证实。比如，上海新江湾城项目开发过程中，采取由原始土地、灰色基础设施建设、生态基础设施建设、再到房产开发的逐步实施，也实现了价值的不断提升。假设原始土地基准价值为1，灰色基础设施建设后价值提升为 1.5，生态基础设施建设（实际上为园林绿化）后价值提升为 2。因此，加快生态基础设施体系建设力度，改善天津整体生态环境和生态设施，也会提升城市的影响力和竞争力。

（二）天津生态基础设施建设面临的挑战

尽管天津进行生态基础设施体系建设有一定的特色和优势，但仍然面临生态空间规模小、生态需求空间大、生态功能脆弱等严峻的形势和挑战。

1. 生态空间规模小

为了便于比较，从表 4 中，2007 年～2013 年天津市土地利用情况看，建设用地每年都在增加，相应的，耕地和生态用地面积在不断减少。按照城市总体规划，到 2020 年，天津中心城区和滨海新区核心区城市建设用地规模将达到 57758 公顷，比现状用地增加 15544 公顷，（天津市人民政府：《天津市城市总体规划（2005～2020 年）》）建设用地总量增加必然导致生态基础设施体系建设空间的缩减，降低生态服务功能。

表 4　2007～2013 年天津市土地利用情况

单位：公顷

年份	建设用地	生态用地	耕地
2007	346268.7	399961.2	445502
2008	360294.8	387761.1	443676
2009	368188.8	382453.4	441089.7
2010	376175.6	374670.3	440886
2011	384152.6	366874.3	440705
2012	491110.6	260098.3	440523
2013	498261.6	253372.3	440098

数据来源：2015 年天津统计年鉴，2015 年天津经济状况公报。

据统计，近年来，天津城市绿化率不断提升，人均绿地面积也在增加。据 2010 年相关数据统计，天津城市绿化覆盖率为 37.5%，城市用地绿地比例为 7.17%，人均公共绿地面积为 8.59 平方米，森林面积比例 4.81%。相比之下，天津老城区绿地变化不明显，数量少且面积小；中环至外环之间多为中大型绿地斑块，以公园为主；沿外环以环形绿化带为主。且呈现数量减少、宽度缩减的现象，可见，城市化建设对绿地的侵占较为明显。因此，如何合理控制建设用地无序扩张，提高土地利用效率，保证生态空间规模、提高生态服务功能，是生态基础设施体系建设面临的严峻挑战。

2. 生态需求空间大

用生态足迹方法来衡量人类经济活动对自然生态系统的需求状况。主要考虑化石能源用地、耕地、牧草地、林地和水域五个类型。将 2003 ~ 2008 年天津人均生态足迹进行对比分析可以看出，除水域生态供给与生态需求基本保持平衡盈余之外，其他生态资源均呈现出供不应求的趋势（如表 5）。[①] 可见，天津经济社会的持续发展对能源、林地等生态需求急剧攀升，导致生态亏损严重。据预测，到 2020 年天津人均生态需求，表现为人均生态赤字 3.2323 公顷/人，这充分表明天津需要加紧采取措施进行生态补偿。由于能源用地占据生态赤字增幅的 91.75%，导致 CO_2 排放量增长过快。如果以高效森林系统代替现有系统，则可能减少 80% 以上的生态赤字。此外，目前，天津市人均 GDP（13392 美元）已超过 1 万美元，进入了中等富裕城市之列。随着天津人民文化素质和生活水平持续提高，市民对环境质量的要求也将不断提高，对生态环境的诉求将由园林绿化、污染治理等基础领域逐步向森林固碳、绿色食品、生物质能源、康体休闲等新领域、高层次延伸。这些都对天津生态基础设施建设提出了更高的目标要求。

表 5　2003 ~ 2008 年天津市人均生态足迹与地区生产总值增长率关系

单位：公顷/人

年份	耕地	牧草地	林地	水域	能源用地	生态盈亏	地区生产总值年增长率(%)
2003	- 0.0069	- 0.4644	- 0.0667	0.0253	- 1.5942	- 2.1069	19.87
2004	- 0.0028	- 0.3510	- 0.0863	0.0262	- 1.7999	- 2.2138	20.67
2005	- 0.0009	- 0.3224	- 0.1991	0.0255	- 1.9600	- 2.4551	18.86
2006	- 0.0005	- 0.3845	- 0.1149	0.0244	- 1.8108	- 2.2853	14.4
2007	- 0.0037	- 0.3756	- 0.1193	0.0235	- 1.8647	- 2.3398	15.1
2008	- 0.0084	- 0.3668	- 0.1237	0.0229	- 1.9187	- 2.3947	16.5
2020	0.0005	- 0.4353	- 0.2185	0.0170	- 2.5960	- 3.2323	—

数据来源：赵树明、苏碧珺：《天津中心城市生态服务系统布局设想与实践途径》，《城市规划和科学发展——2009 年中国城市规划年会论文集》，2009。

---

① 赵树明、苏碧珺：《天津中心城市生态服务系统布局设想与实践途径》，《城市规划和科学发展——2009 年中国城市规划年会论文集》，2009。

城市人口密度过大，增加了绿地面积拓展的压力。如下表 6 所示，天津 2015 年常住人口达到 1546.95 万人，常住人口密度达到 1300 人/平方公里，从主城六区、城市近郊发展区、城市远郊生态涵养发展区的比较来看，人口密度最大的为主城六区，达到 29173 人/平方公里，而生态涵养区人口密度为 552 人/平方公里，主城六区的人口密度是城市近郊发展区人口密度的 20 倍，是城市远郊生态涵养发展区人口密度的 52 倍之多。其中，人口密度最高的是和平区，高达 37810 人/平方公里，河北区次之，达到 33644 人/平方公里，人口密度最少的是宁河区，仅为 336 人/平方公里。天津城市主城六区人口密度过大，产业过度集中，导致环境承载力下降，交通拥堵现象过于严重，而高密度建筑群、居民区、商业区的城市生态基础设施严重不足，制约了城市环境的改善，机动车尾气、生活废气排放等不能得到有效的净化，并且不断上涨和高企房价与地价的诱导，很难有动力增加绿地建设投入，导致部分生态基础设施面积减少或不足，难以促进城市自然环境修复。

表 6　2014 年天津常住人口密度

地区	土地面积(平方公里)	常住人口(万人)	常住人口密度(人/平方公里)
全　　市	11903	1546.95	1300
市 内 六 区	173	504.69	29173
和 平 区	10	37.81	37810
河 东 区	39	98.85	25346
河 西 区	37	101.52	27438
南 开 区	39	116.91	29977
河 北 区	27	90.84	33644
红 桥 区	21	58.76	27981
近郊发展区	4154	604.69	1456
东 丽 区	460	71.7	1559
西 青 区	545	84.24	1546
津 南 区	401	70.89	1768
北 辰 区	478	80.85	1691
滨海新区	2270	297.01	1308
生态涵养区	7576	418.31	552
武 清 区	1570	113.43	722
宝 坻 区	1523	90.04	591
宁 河 区	1414	47.46	336
静 海 区	1476	76.67	519
蓟 州 区	1593	90.71	569

数据来源：2015 年天津统计年鉴。

3. 生态功能仍然很脆弱

据统计分析，天津的生产功能居全国十大城市的第三位，而生态功能的地位则比较落后。一方面，在城市化的快速进程中利用结构迅速发生变化，城市向四周蔓延，相应地减少了森林系统、绿地系统、农田系统及水域系统等生态基础设施建设的面积，对城市及其周边生态环境带来不利影响，具体表现为大地景观破碎化、自然水系统和湿地系统严重破坏、生物栖息地和迁徙廊道大量丧失。另一方面，天津第三产业比重较低，仅占46%，与北京（75.5%）、上海（60%）仍有较大差距；高端服务业发展滞后，服务业比重、规模和水平有待进一步提升。部分高耗能、高污染企业没有退出，石化、化工、冶炼等所占比重较大，能源消耗较多。所有这些都直接对生态基础设施造成破坏，导致整个都市区范围产生"温室效应"，继而形成"热岛"。此外，天津是我国水资源最短缺的城市之一，人均水资源占有量不足全国的1/7。随着水资源的开发，海河入海量已从20世纪50年代的291.5亿立方米下降到90年代后的10亿立方米，导致全市湿地丧失了75%以上的湿地，生态补水不足，湿地生产力和生态功能日益萎缩。因此，有效地进行生态基础设施体系建设，减轻污染、改善环境质量，变得尤为重要。

三 天津市生态基础设施建设的主要问题

随着经济跨越式发展，城市人口膨胀加速，建筑物密集，能源消耗和环境污染总量不断攀升，导致城市人口、资源、能源、环境协调发展问题不断加剧。目前天津并未将生态基础设施这一概念加以明确提出，但已投入大量人力、物力进行城市生态基础设施建设，并将绿地系统、大气系统、水域系统、森林和农田系统、生态化的人工基础设施等生态基础设施建设的相关内容付诸实践。与其他城市一样，天津在进行生态基础设施建设中也存在一些问题。

（一）缺乏生态理念和生态意识，公众参与度不够

城市生态基础设施建设的目的不是创造一个独立的生态空间，而是要

构建一个时间上连续、空间上协调的相互联系、互为补充的生态网络体系。然而，天津在生态基础设施建设中，却过多的重视量的提升，对于质量、水平、利用率等更高层次、更多内涵的建设问题却关注不够。常常注重生态用地面积的提高，而忽视生态网络格局的优化和调控；往往从塑造城市理想形态的角度进行规划和设计，过于重视后续的添绿以及景观的美化作用，而无法起到积极的生态平衡作用。以绿化建设为例，近年来，天津绿化面积增长较快，但大多是公共绿地的增加，而其他类型的绿地，如防护绿地、生产绿地、专用绿地等则较少。同时，强调了绿地面积、绿化率等问题，但并未强调绿化的内容、形式，导致绿化的平面化倾向，尤其市区内能够成林的绿化项目较少，虽有一定的乔木，但并未形成林化，生态效益及感官舒适度不高。突出了环境美化，却忽视了绿化在整个城市生态系统中的主导作用，造成绿化在层次与结构上没有取得大的突破。

城市生态基础设施建设，是造福民众、改善民生的战略性举措，需要公众的积极参与。事实上，公众参与生态基础设施决策和保护的意识薄弱。一方面，公众对生态基础设施概念比较陌生，且部分民众的生态责任和义务感有待提高。比如，生活垃圾的分类问题。尽管垃圾箱上标有"可回收"、"不可回收"和"其他"的字样，但民众却不能做到分装处理，给处理工作造成困难。另一方面，生态基础设施体系建设缺乏与公众的沟通，没有把公众参与上升到一切决策的出发点和最终目的的高度上来，公众也没有参与规划和建设的意识。目前，从参与形式来看，主要集中在宣传教育方面，在互动交流方面欠缺；从参与的过程来看，主要侧重于事后监督，事前参与不够；从参与的保障看，政府组织的较多，制度性建设不够；从参与的效果来看，流于口头的多，见诸行动的少。

（二）内部协调性和外部衔接性不够

从空间形态来讲，生态基础设施体系建设的核心是构建具有协调性的生态网络体系。从生态规律上考虑，生态基础设施建设内部也应该具有一定的协调平衡性。如能源供应应该与其他设施的消耗相平衡，排水及污水处理能力应与给水相平衡，防灾安全与灾害程度相平衡等等。但在实践上，由于生态基础设施规划大都在不同空间尺度、不同规划层面单独进行探索和试点，使各种生态基础设施被相互隔离开来，没有形成带状、面状或者网状，而是形成了点状，加剧了生态基础设施的破碎化、岛屿化发展趋势，从而缺少彼此之间的协调和整合。依据 2010 年天津市土地利用现状图看，天津市所建的公园、绿化广场、沿河地带中，中小型生态斑块过多，造成生态基础设施体系建设破碎度高、整体性差、生态效益低下，且各生态斑块之间缺乏联系。尤其中心城区绿化率偏低，主次干道夏季暴晒度均较高；有限的公园、绿地生态效益不明显，过于偏重景观营造和娱乐设施建设。郊区成片的林地亦较少，仅北部蓟县山区森林覆盖率较高。

生态基础设施是城市基础设施的重要组成部分，是有生命的基础设施。[1] 城市各种基础设施之间不是孤立的，而是彼此相关联的。任一部分的缺失都会影响系统的功能。如缺少污水处理设施，会污染水资源，造成供水危机，从而危及整个基础设施系统。事实上，天津许多基础设施与生态基础设施建设不能配套进行和协调发展，如缺乏环境考虑的高速公路网、自然植被被工程化的护堤和"美化"种植所代替、农田防护林和乡间道路林带由于道路拓宽而被砍伐、水泥护堤衬底等等。研究表明，城市化过程中的主要环境问题，如交通拥挤、空气污染、城市垃圾、水污染和城市沉降等，大多数都是由于城市其他各项基础设施建设缺乏协调性造成的。

（三）建设和管理无序，保护与发展不平衡

城市生态基础设施研究尚处于起步阶段，而生态基础设施建设涉及环保、市容、林业、国土部等多个部门，比如，天津的城市绿地规划被认为是市容委和园林部门的工作，而农林地规划更多属林业部门和国土部门的管辖范围，环境保护规划由环保部门来制定和实施，自然保护地由专门的林业水利部门负责。这种业务交叉、部门之间权责不清的管理方式反而会造成管理薄弱甚至是无序管理或无人管理。比如，安徽淮南某个地区数个公交站台上都种满了绿化树，这种既设公交站台，又搞种树绿化，给当地

---

① 付彦荣：《中国的绿色基础设施——研究和实践》，《风景园林管理》2012 年 10 月。

市民的出行带来了很多不便，但这个问题出现了很长时间都未能解决，究其原因主要是建设主体与管理部门之间在管理上存在模糊性。这种管理的模糊性最终导致生态基础设施体系建设和管理的不确定性和随意性。为了避免这种问题的出现，美国的许多州政府与土地利用部门都成立了相应的委员会或工作组。伦敦实行三级管理，市政厅和区政府是决策者和指导者，机关、学校和志愿者组织是具体的维护和管理者。

正如《波特兰都市绿色空间规划》提出的，城市保护的关键是在允许开发强度和保护自然资源这对看似矛盾的目标之间寻找平衡。影响这种平衡的要素有两个方面，其一是城市增长的动力和控制建设的阻力；其二是不同利益主体之间的博弈关系。[1] 这是因为，生态基础设施建设要保护的地区往往是生态环境较好的地区，这些地区又往往是开发潜力较大的地区，从而形成不同利益主体间的一种博弈。比如，原来狭小的街道理应趁城市改造之机拓宽，按照现代交通网络的要求进行改造；但事实是不顾规划的红线、绿线而随意侵占，缺乏足够的城市绿地和公共空间。美国的生态基础设施采取了很多措施来平衡保护和开发这对矛盾，比如，在规划过程中广泛征求各方意见，充分考虑城市扩张的压力；在管理过程中综合运用各种政策方法，使其融合到现行的多层级规划管理体系中，促使规划成果被各方接受和实施。

天津许多区域存在树种配置单一、老化，绿化面积、数量、质量以及植物配置水平不高，城市规划和旧城改造忽视绿色基础设施建设，制约了城市人口、资源与环境的协调发展。绿色基础设施不足，绿化不够完善，降低了城市环境承载力，绿地上直接建项目导致开发商和政府增加了建筑物密度和产业密度及人口空间，进而导致城市人口承载力、资源承载力"超载"现象。天津园林绿地面积和森林面积逐年增加，园林绿地面积从2008 年的22319 公顷增加到2014 年的25307 公顷。但是，林地和森林面积增加缓慢，从2008 年9.35 万公顷增加2009 年的11.16 万公顷后，到2015 年森林面积、森林覆盖率、活立木蓄积量、森林蓄积量一直没有变化。在市场条件下城市生态基础设施建设变成政府、企业和社会组织的利

---

[1] 李博：《绿色基础设施与城市蔓延控制》，《城市问题》2009 年第 1 期。

益博弈产物，外部性存在导致城市生态基础设施建设动力不足。行政藩篱、城市权利不平衡和地方保护主义等原因，造成绿色基础设施发展缓慢。

（四）投入和保护力度不够

城市生态基础设施建设相对滞后。一方面，天津在快速建设城市交通设施、建筑设施的同时，其生态基础设施体系建设并没有以同样的速度和相应的比重在加紧建设，出现了严重短缺的现象，像生活污水处理设施、居民垃圾无害化工程，缺口约为20%～30%，还存在城市空气污染、人居密度过大、防灾系统不足等问题。城乡生态基础设施体系建设也存在明显差距。以污水处理为例，目前天津城区污水处理率为90%，而农村则为40%，在全国处于中上水平。但与北京、上海等先进城市相比仍有差距。从排水管网布局来看，中心城区比较完善，周边地区和其他地区则相对薄弱。另一方面，对比我国四大直辖市生态基础设施品质，结果显示，上海生态基础设施综合质量状况属于较好等级，北京、天津、重庆属于一般等级，四个城市生态基础设施综合质量状况排序依次为上海、北京、天津、重庆，其中：大气系统品质，天津排第4位；绿地系统品质，天津排第3位，水文系统品质，天津排第2位。[1] 由此可以看出，与其他省市相比，天津生态基础设施体系建设还存在一定的差距，这也从侧面反映了生态基础设施体系建设投入的不足。

城市生态基础设施建设投入和保护力度不足。生态基础设施建设是一项公共投资，它涉及大气系统、水文系统、绿地系统以及传统基础设施的生态化建设等多方面的工程和项目，充足的资金投入是保证这些工程或项目顺利实施的物质基础。近年来，天津市不断加大环保投资金额，从2007年的144.73亿元增加到2011年的298.79亿元，同比增长了106.45%，但是环保投入所占GDP的比重有所下降，且距国家环保总局规定的指标参考值（3.5%），还有一定的距离。[2] 可见，目前天津的生态

---

① 秦趣、冯维波、梁振民、杨锐：《我国四大直辖市生态基础设施品质对比研究》，《华中师范大学学报》（自然科学版）2008年第3期。

② 数据来源：2007年、2011年天津市环境状况公报。

基础设施体系建设仍处于起步阶段，总投入尚不足，尤其是在专项资金的投入上还有较大的缺口。此外，市区内一些重要的绿色景观及景观联系通道没有得到很好的维护和利用，甚至由于城市的快速建设而遭到破坏。如已成系统的交通干道两侧树木由于扩路修桥被砍伐，新建道路绿化达标率低、功能单一，致使本来就缺少整体性和连续性的城市生态基础设施体系遭到进一步破坏。

（五）　法制法规尚未健全，执法力度不够

目前，除有关生态城市建设的相关法律法规外，天津市还没有出台专门的有关城市生态基础设施体系建设的意见和方案。从现有的相关立法看，环境法多为污染防治立法，缺少促进生态化建设的立法；城市规划法滞后于城市生态化建设的要求。从环境法律法规的创制来看，由于缺乏公开透明的促进公众、企业和社会组织参与立法活动的法定程序和机制，以致一些法规在颁布后才被发现缺乏针对性、脱离实际而难以实施。比如，伦敦为解决城市蔓延问题，建立了伦敦绿地。总体上来说，绿地规划得到较好的执行。尽管天津市根据园林绿化建设、城市精细化管理的实际需要，先后出台了《代征城市绿化用地移交建设管理办法》、《公共绿地建设管理办法》等一系列政策措施与管理办法，制订了《天津市级湿地公园建设规范》、《天津市级湿地公园评估标准》等多项地方标准规范，这些规章措施有效地促进了城市生态基础设施建设，但还不能有力地保障天津环境质量的提升。在城市绿色环保设施建设方面缺乏对开发商、基层政府部门更有约束力的硬措施。目前关于城市生态基础设施规划主要侧重于城市这个单一尺度，缺乏更加科学合理的、多尺度的城市生态基础设施规划体系。单一尺度和单一政策措施，以及相关政策法规不完善，不能够严格执法，使绿地不断被侵蚀。

（六）　评价体系不完善

对城市生态基础设施体系建设的优劣需要做出适时的评价，我们如何去评价呢？生态需水占用率、生态服务用地率、生态能源利用率、生态安全保障率、生态代谢循环率等等，现在还没有具体的指标。即使有具体的

规划控制，也都是一些定性的要求，没有定量的指标评价标准。因此，生态基础设施建设评价指标的选取和定值如何具有天津地域特色，如何更好地反映出环境、经济和社会三者之间的有机联系等？这些问题都是生态基础设施评价体系亟须解决的问题。

第十章
天津市生态基础设施建设对策建议

天津生态基础设施建设以恢复与发展城市生态功能为基础，连通城市生态（绿色）基础设施体系为目的，注重生态功能，同时承载一定的游憩活动，将公园、湿地、野生动物栖息地、游憩空间、河流、绿色廊道等融为一体，构建城市生态基础设施网络，形成城市健康、可持续以及和谐发展的奠基石。基于此，针对上述的几个问题，在借鉴其他城市生态基础设施体系建设成功经验的基础上，下文主要从组织、规划、立法、机制等几个方面，建设和完善城市所赖以持续发展的生态基础设施体系。

一 天津市生态基础设施建设理念和特色

天津市城市生态基础设施建设应坚持以可持续发展为主题，统筹城乡发展、区域发展、经济社会发展、人与自然和谐发展、国内发展和对外开放。以人与自然和谐为主线，以提高人民群众生活质量为根本出发点，以生态建设、生态恢复和生态环境保护为重点，以生态技术与管理为手段，以体制创新、科技创新为动力，运用生态学原理和循环经济理论，充分利用环渤海湾经济圈的区位优势和资源优势，建立政府主导、市场运作、公众参与、执法监督的新机制。通过天津市城市生态基础设施建设研究，在重点研究城市生态的自然属性的同时，应结合城市经济发展的趋向对生态问题进行经济分析，寻求兼顾发展经济和解决生态环境问题的最佳途径与策略，确保天津市在实现经济高速发展的同时，实现经济、社会、环境协调发展。

（一）天津市生态基础设施建设的理念

城市生态基础设施建设要充分挖掘城市历史文化内涵，力求体现天津的城市景观特点，展现城市的个性和魅力，城市生态基础设施建设要体现以人为本的原则，以不断满足人民群众日益增长的物质和文化生活的需求，给市民创造一个更优良的生存和发展的生态环境。人民城市人民建，积极鼓励、引导公众参与到生态城市建设中来，发动全社会力量都参与到城市建设中来。

天津城市生态基础设施建设以使天津成为内外兼修、神形兼备的经济繁荣、环境优美、社会文明的现代化滨海型世界名城为总体目标。应该在分析天津市自然、经济、社会和环境等因素的基础条件上，科学诊断天津建设生态基础设施的优势和劣势。然后从区位条件、经济发展、人口规模、城市用地、资源利用和社会发展等方面对天津城市生态基础设施发展进行前瞻性分析，吸收国内外城市生态基础设施规划建设研究优秀成果，为天津市建立科学合理的城市生态基础设施建设总体和阶段性目标体系、指标体系和考核标准体系。天津城市生态基础设施规划与建设的核心是实现天津城市结构和功能生态化，科学制定天津城市生态基础设施建设的原则、阶段目标、指标体系、建设内容及实施纲要。

（二）天津市生态基础设施建设的特色

天津是我国北方的历史文化名城和全国优秀的旅游城市，具有独特的地理环境、历史积淀和城市文化。传统城市文化的保护与更新，是创造城市特色永恒价值的一个重要手段，也是延续历史文脉、实现社会稳定和可持续发展必然要求。天津生态基础设施建设以恢复与发展城市生态功能为基础，连通城市生态（绿色）基础设施体系为目的，注重生态功能，同时承载一定的游憩活动，将公园、湿地、野生动物栖息地、游憩空间、河流、绿色廊道等融为一体，构建城市生态基础设施网络，形成城市健康、可持续以及和谐发展的奠基石。

第一，恢复湿地生境。恢复城市内的湿地生境，将其作为小型网络中心的生态基地。将生态基地内的环城水系与湿地连通，加强水系之间的自组织能力；利用土方变化适度挖湖堆山，利用人工干预湿地水循环手段，恢复和保持湿地水体的流动性和平水期、丰水期、枯水期与冰封期的周期性变化规律，恢复水体的自净能力。

第二，恢复与吸引野生动物群落。野生动物群落的恢复与吸引关键在于其栖息地的营造，通过对天津野生动物生态习性的了解，有针对性地创造其生境，吸引更多的野生动物群落来此安家。在生态基地湿地水域周围建立缓冲区，减少人为干扰，为野生动物栖息地创造良好的环境；在不同生态斑块间设计野生动物的通道，降低道路对其活动路径的干扰与破坏。

第三，提升湿地水岸活力。根据生态基地用地适宜性分析，在人为破坏严重的地段进行适度开发，建立主要游憩系统，在生态基地亲水区建立亲水驳岸，提升湿地水岸活力与文化品质。如将生态基地主入口人流量较大的区域内的湿地作为最主要的亲水区域，设置完善的环水休闲道路和亲水广场；在尊重自然生态规律的基础上，科学、适度地提供人群活动场所。

第四，营造特色花海。花境设计不仅有利于小型野生动物栖息，还有利于都市人缓解精神压力、休闲放松，利用生态基地、闲置耕地种植特色花海，种植香堇、玫瑰、郁金香、兰花、鼠尾草、薰衣草等十多种开花植物，根据植物的花期、色调、适宜性等多种因素搭配种植，使花海的景色随四季的更替不断变化，让小型网络中心成为城市居民休闲、娱乐、放松的好去处。

第五，搭建科普教育平台。在恢复小型网络中心生态基底的基础上，合理利用生态基地水文、土壤等生态资源开展相关科研与科普教育活动，宣传生态环保知识，提高市民综合素养，同时合理利用湿地动植物的经济价值进行适度商业开发。

二 完善天津市城市生态基础设施建设的对策建议

建设和完善城市所赖以持续发展的生态基础设施，需要树立正确的生态意识，合理规划和建设生态基础设施体系，提高生态基础设施的管理和维护水平，完善政策支持体系，建立公众参与机制等。

（一）建立天津市生态基础设施工作委员会

要避免因机构重叠、业务交叉、部门之间权责不清，造成政出多门、政令不一、相互推诿等现象。同时，作为一项长期战略，生态基础设施的规划、建设、管理和实施工作十分重要，需要一个长期稳定的组织协调机构与各级部门长期合作。因此，可借鉴国外经验（美国成立生态基础设施项目管理委员会、英国成立西北生态基础设施小组），设立专门的协调管理机构。建议由市政府牵头，打破行业、部门的界限，成立天津市生态基础设施工作委员会。其任务是代表政府行使权力和职能，制定、审批和实施生态基础设施建设的各项规划，协调国家与集体所有制土地的关系，协调不同部门机构的矛盾和利益关系，监督管理与生态基础设施相关的职能机构。工作委员会成员包括：政府机构，教育机构，科研机构，非营利性保护机构，社会志愿者组织，商业部门等。

建议该工作委员会下设 4 个工作小组，根据生态基础设施项目建设的要求为每个工作小组安排具体的工作。项目鉴定和规划小组（决策者和指挥者）：主要负责出台生态基础设施不同尺度的规划，找出生态保护中心、生态廊道和生态斑块，并分析如何将它们连通。项目综合小组（监督者和反馈者）：负责将项目中遇到的难点和问题汇总，考虑如何将政府已有的类似项目及相关项目与生态基础设施项目更好地融合起来。项目行动小组（执行者和协调者）：告知与项目相关的部门将如何帮助它们建设生态基础设施，并对项目涉及的有关部门进行协调，以保证项目的顺利实施。项目认知和宣传小组（宣传者和维护者）：负责找出对项目感兴趣的非政府组织（企业、团体或个人），建立长期合作关系，并动员社会力量参与其中，以及定期编写出版物、进行项目宣传、公布生态基础设施状况等，确保生态基础设施规划、管理、实施建立在科学合理的基础上。

（二）树立正确的生态意识，提高规划建设的科学性、系统性

城市生态基础设施建设强调注重生态平衡的作用、生态网络格局的优

化和调控、生态功能和生态效益的发挥。只有树立这种正确的生态意识，才能提高城市生态基础设施体系建设的科学性和系统性。因此，建议天津生态基础设施建设项目应该从立项之初就关注其生态功能和生态效益，以保证项目建成以后能够长期有效地发挥作用。对已建成的生态基础设施，也要进行生态环境评估和生态建设的受益分析，以把握合适时机改进和完善现有相关设施的生态功能，并从人员、技术、资金等方面给予优先保障，以逐步提高已有设施的生态功能和效益。如，适时改造和优化以河流、铁路、公路、农田防护林为载体建立的连续的生态廊道网络，以使其能够发挥应有的生态效应。对今后计划新建的项目，建议从不同层面对其生态功能和效益加以关注。如，在市级层面上，应该注重天津生态基础设施的整体性和网络化；在区级层面上，应在落实市级生态基础设施规划的同时，合理地进行布局，注重生态基础设施的衔接性和一致性，以组成一个有效的生态网络；社区层面上应更注重生态基础设施的美化作用，必要时需要采取立体绿化的方法。

（三）合理规划和建设天津生态基础设施体系

西方国家走过的"先破坏后治理（修复）"道路，充分说明，规划是生态基础设施体系建设的先导。首先，应明确生态基础设施的战略地位和发展目标，描绘出天津市生态基础设施建设的规划图，将其纳入城市总体规划和土地利用总体规划，确保现存的生态用地免受发展的不利影响，最终实现经济发展和生态保护的和谐统一。其次，应开展生态基础设施体系建设的连通性研究。在现有基础设施基础上，着重考虑绿地系统、水文系统、大气系统等生态基础设施内部的协调性和连通性，生态基础设施与道路、桥梁、建筑等传统基础设施之间的衔接性和整体性，并以此为依据开展生态基础设施与传统基础设施的复合规划。如，田雨灵等分析了城市交通与生态基础设施的现状，以及地铁与生态基础设施之间的关系，提出了地铁与生态基础设施的复合规划策略。[①] 最后，在条件成熟时，建议出台

①　田雨灵、张昭雪、李彬等：《绿色基础设施与地铁的复合规划策略探讨》，《北方园艺》2009 年 12 月。

《城市生态基础设施专项规划》，该规划囊括国内提出的生态基础设施体系建设十大景观战略的内容，努力构建山、水、城、田、海协调共生的生态网络格局。同时，要注意与现有规划之间的衔接。比如生态基础设施和绿地系统规划存在一定的相互扶持关系。前者给后者提供了生态层面的思路和技术支持，而后者则为前者的实现提供了一个有依据的平台和绿地资源。

（四）拓展融资渠道，提高管理和维护水平

鉴于生态基础设施是人类与自然和谐发展的基础性条件，是一项至关重要的公共性投资，应该被放到首要位置，因此，加大对天津生态基础设施体系的建设资金投入力度，应继续坚持以政府投入为主，切实保障生态基础设施建设投入。建议将生态基础设施建设公开列入首要的财政预算，并设立相应的专项资金，对生态基础设施的重大项目和技术开发给予直接资金补助。未来逐步提高生态基础设施投入比重，力争生态基础设施投入增长幅度与经济增长速度同步。统筹分配城乡生态基础设施的专项资金，以保证城乡生态基础设施的充分融合，从而形成具有整体生态功能的网络格局，提升天津生态基础设施品质在全国的地位。

贯彻落实党的十八届三中全会精神，鼓励和引导社会资本参与城市生态基础设施建设，提升城市生态基础设施服务水平，促进经济社会协调发展。发挥市场机制在城市生态基础设施建设领域配置资源的决定性作用。要鼓励和引导社会资本参与，建立多元化的参与和投融资机制，城市生态基础设施是公共物品和外部性存在，政府应该发挥主导作用，履行好城市生态基础设施建设的职能和职责，并创新体制机制，引入市场机制，鼓励社会力量、社会资本、私人企业参加城市绿地建设，建立多元化的城市生态基础设施建设与管理的投融资机制，改变单一追求经济利益的利益博弈规则，通过市场竞争机制既鼓励开发商增加城市绿地建设，也可以通过政府购买形式鼓励城市生态基础设施建设，创新机制，增强动力，提高效益，推进城市生态基础设施建设进程与提升运营绩效。同时，国外经验表明，仅靠政府的力量去建设、管理和维护生态基础设施体系显然是不够的，因此，要逐步拓展融资渠道，提高管理和维护水平。建议借鉴公共基

础设施的融资方式，首先，加强对银行等金融机构的引导，强化环保和金融系统的部门合作和信息共享，加大对城市生态基础设施产业的信贷投放，扩大林业、森林等的生态补偿多元化融资渠道，加快建立政策性森林保险制度，建立生态税制度等。其次，积极探索投资主体多元化途径，重点突破，形成全社会共同参与的良性格局。鼓励外资及民间资本参与污水、固体废弃物处理等城市生态基础设施建设。最后，建立公益性服务财政生态补偿机制，制定积极的生态基础设施体系建设政策，吸引非政府组织和民众参与实施生态基础设施规划，鼓励从事有利于山林、水体、绿色植被的资源保护和生态修复的产业，为其提供生态补偿、税费津贴或签署协议等。

（五）　制定法律法规，完善政策支持体系

从国外立法的演进历程看，城市化进程加速所导致的人与自然的矛盾的不断加剧，尤其是 1992 年联合国环发大会后，许多国家法律"生态化"趋势明显。因此，建议天津生态基础设施体系建设应先行试点，在试点过程中逐步制定和完善法律法规体系。应尽快制定《自然资源保护法》、《土壤污染防治法》等涉及生态基础设施内容的法律法规。目前可考虑先完善现行的《环境保护法》、《城市规划法》，尽快完成《自然保护区域法》草案，使试点过程有法可依。为了确保公众通过法定程序和途径参与生态基础设施体系建设，还可考虑在国家环保局颁布的《环境许可听证暂行办法》和《环境影响评价公众参与暂行办法》的基础上，制定《公众参与环保法》，在涉及环保的各个环节和领域，建立公众知情权机制、表达机制、监督机制和救济机制，促进全社会参与生态环境保护。

此外，要用政府的权威保证生态环境免遭破坏，特别是在制定规划、计划及重大项目实施的过程中，充分发挥政府综合决策的作用，用宏观调控手段引导生态基础设施体系建设的积极性。首先，引导城市生态基础设施项目开发的扶持性政策，如实行资源回收奖励制度，鼓励开发生态产品、综合利用自然资源，对投资生态产品的企业给予支持和鼓励。倡导生态生活方式，节约用电、用水，增强垃圾自觉分类和循环利

用意识，鼓励节能灯、太阳能热水器等节能产品的使用，遏制浪费，引导合理消费，逐步减少一次性用品的使用等。其次，出台防止和遏制破坏性经营的刚性约束政策，如完善垃圾处理、工业固体废物、危险废物等处置付费制度，适度提高排污费征收标准；制定各类产业标准、行业标准和产品标准，依法建立严格的生态监管制度。最后，为城市生态基础设施体系建设提供智力支持的科技投入政策。增强科技创新基础能力，加强科研基础设施资源整合，实现科技基础条件资源的高效利用；加大科研投入，提倡发展水体净化和污染处理技术、河道改造技术、垃圾处理技术等；重点研究开发与人类生产、生活密切相关的衣、食、住、行、用的绿色产品，如建筑用环保材料，汽车、电子产品相关材料的绿色化等。

（六）强化公众参与意识，建立公众参与机制

城市生态基础设施是一个新的知识领域，需要大力宣传倡导，增强全民生态意识。动员社会各方面力量，充分发挥新闻媒体的舆论导向和监督作用，大力开展生态基础设施宣传活动。通过利用现代信息传播技术和其他有效方式，宣传国家和天津发展生态基础设施的各项方针政策，提高全社会对生态基础设施体系建设的认识。利用电视、报纸、影响等各种媒介，宣传普及气候变化和生态基础设施体系建设的知识。邀请各领域专家、权威人士就生态基础设施相关内容举办专题讲座或公众见面会，进一步强化对社会公众生态基础设施方面的教育和培训，努力提高全社会的生态意识，让广大干部群众认识到生态基础设施体系建设的重要性和紧迫性，形成政府推动、专家支持、全民参与的浓厚氛围。

推进天津生态基础设施体系建设，关乎公众的直接利益。公众参与的广度和深度，直接影响生态基础设施建设的进程和效果。因此，建议建立公众参与生态基础设施体系建设的社会制衡机制。即对公众参与评价的内容和程序做出全面、明确和详细的规定，使公众参与评价活动程序化、法律化和制度化，包括：①确定公众主体的组成，既要有直接利益冲突的公众，也要有无直接冲突的公众，要体现公众主体的广泛性。②明确公开范

围，确定系统化的文件公开范围，保障公众的知情权和参与权得到实现。③建立听证会、论证会、来电、来信、来访等多种参与形式，保证参与形式的多样性和公开性。④建立对公众意见的回应制度，明确在何种情况下采纳（或不采纳）公众意见，使公众的参与形式多样化、参与保障制度化、参与效果明显化。

参考文献

一　著作

1. 蔡昉:《中国人口与劳动问题报告 No. 5（2004）——人口转变与教育发展》,社会科学文献出版社,2004。

2. 曹伟:《城市生态安全导论》,中国建筑工业出版社,2004。

3. 陈寿朋、杨立新:《生态文化建设论》,中央文献出版社,2007。

4. 陈寿朋、杨立新:《生态文明建设论》,中央文献出版社,2007。

5. 丹尼尔·A. 科尔曼:《生态政治——建立一个绿色社会》,上海译文出版社,2002。

6. 党俊武:《老龄社会引论》,华龄出版社,2004。

7. 邓伟根、王贵明:《产业生态学导论》,中国社会科学出版社,2006。

8. 董培军等:《景观城市化与生态基础设施建设——以深圳为例》,科学出版社,2012。

9. 董宪军:《生态城市论》,中国社会科学出版社,2002。

10. 方明、王颖:《观察社会的视角——社区新论》,知识出版社,1991。

11. 方咸孚、李海涛:《居住区绿化模式》,天津大学出版社,2001。

12. 付晓东:《中国城市化与可持续发展》,新华出版社,2005。

13. 傅崇兰:《城乡统筹发展研究》,新华出版社,2005。

14. 顾朝林等:《中国城市地理》,商务印书馆,1999。

15. 过伟敏、史明:《城市景观形象的视觉设计》,东南大学出版社,

232

2005。

16. 黄光宇、陈勇：《生态城市理论与规划设计方法》，科学出版社，2002。

17. 黄丽玲、朱强等译：《绿色基础设施——连接景观与社区》，中国建筑工业出版社，2010。

18. 黄怡：《城市社会分层与居住隔离》，同济大学出版社，2006。

19. 江山：《人际同构的法哲学》，中国政法大学出版社，2002。

20. 孔志峰：《中国生态农业运行模式研究》，经济科学出版社，2006。

21. 李敏：《城市陆地系统——人居环境规划》，中国建筑工业出版社，2000。

22. 连玉明：《学习型政府》，中国时代经济出版社，2003。

23. 廖桂贤：《好城市怎样都要住下来：让你健康有魅力的城市设计》，野人文化股份有限公司，2009。

24. 林其标：《住宅人居环境设计》，华南理工大学出版社，2000。

25. 刘滨谊：《现代景观规划设计》，东南大学出版社，2001。

26. 陆学艺：《当代中国社会阶层研究报告》，社会科学文献出版社，2002。

27. 陆学艺：《当代中国社会流动》，社会科学文献出版社，2004。

28. 马光：《环境与可持续发展导论》，北京科学出版社，2000。

29. 毛如柏、冯之俊：《论循环经济》，经济科学出版社，2003。

30. 〔美〕戴利、〔美〕汤森编《珍惜地球：经济学、生态学、伦理学》，马杰等译，商务印书馆，2001。

31. 〔美〕莱斯特·R.布朗著《生态经济：有利于地球的经济构想》，林自新、戢守志等译，东方出版社，2002。

32. 〔美〕理查德·瑞吉斯特著《生态城市——建设与自然平衡的人居环境》，王如松、胡聃译，社会科学文献出版社，2002。

33. 〔美〕塞缪尔·P.亨廷顿：《变化社会中的政治秩序》，王冠华等译，三联书店，1989。

34. 汝信、陆学艺、李培林：《2005年中国社会形势分析与预测》，社会科学文献出版社，2004。

35. 《十八大报告辅导读本》，人民出版社，2012。

36. 宋家秦、崔功豪、张同海：《城市总体规划》，商务印书馆，1985。

37. 宋永昌、由文辉、王祥荣：《城市生态学》，华东师范大学出版社，2000。

38. 孙正甲：《生态政治学》，黑龙江人民出版社，2005。

39. 唐忠心：《中国城市社区建设概论》，天津人民出版社，2000。

40. 滕藤：《中国可持续发展研究》（上卷），经济管理出版社，2001。

41. 王恩涌、赵荣等：《人文地理学》，高等教育出版社，2000。

42. 王梦奎：《中国的全面协调可持续发展——中国发展高层论坛2004》，人民出版社，2004。

43. 王松霈：《生态经济学》，陕西人民教育出版社，2000。

44. 王祥荣：《生态建设论——中外城市生态建设比较分析》，东南大学出版社，2005，

45. 吴季松：《循环经济：全面建设小康社会的必由之路》，北京出版社，2003。

46. 向德平：《城市社会学》，高等教育出版社，2005。

47. 杨立新：《当代中国先进文化建设论》，中国社会科学出版社，2004。

48. 杨士弘等：《城市生态环境学》，科学出版社，2002。

49. 杨小波、吴庆书等：《城市生态学》，科学出版社，2000。

50. 杨宜勇、吕学静：《当代中国社会保障》，中国劳动社会保障出版社，2005。

51. 尹海林：《城市景观规划管理研究——以天津市为例》，华中科技大学出版社，2005。

52. 〔英〕E. F. 舒马赫著《小的是美好的》，虞鸿钧等译，商务印书馆，1984。

53. 游钧：《2005年：中国就业报告——统筹城乡就业》，中国劳动社会保障出版社，2005。

54. 余谋昌：《生态伦理学》，首都师范大学出版社，1999。

55. 俞孔坚：《景观：文化、生态与感知》，科学出版社，1998。

56. 俞孔坚、李迪华：《城市景观之路——与市长们交流》，中国建筑工业出版社，2003。

57. 俞孔坚、李迪华、李海龙：《"反规划"途径》，中国建筑工业出版社，2005。

58. 张坤：《循环经济理论与实践》，中国环境科学出版社，2003。

59. 张坤民、温宗国等：《生态城市评估与指标体系》，化学工业出版社，2003。

60. 张亚立：《景观欣赏》，京华出版社，1994。

61. 章友德：《城市现代化指标体系研究》，高等教育出版社，2004。

62. 郑杭生、李路路：《中国社会发展研究报告2005——走向更加和谐的社会》，中国人民大学出版社，2005。

63. 郑卫民等：《城市生态规划导论》，湖南科学技术出版社，2005。

64. 郑伟志：《和谐社会笔记》，上海三联书店，2005。

65. 郑文范：《公共事业管理案例》，高等教育出版社，2004。

66. 中国科学技术协会：《风景园林学科发展报告》，中国科学技术出版社，2010。

67. 周伟林、严冀等：《城市经济学》，复旦大学出版社，2004。

68. R. E. 帕克等著《城市社会学》，宋俊玲等译，华夏出版社，1987。

69. Daily, G. *Nature's Services*: *Society Dependence on Natural Ecosystems*. Island Press, Washington, D. C. 1997.

70. Randolph J. *Environmental Land use Planning and Management*. Washington, DC, Island, 2004.

71. Richard, R. *Ecocities*: *Building Cities in Balance with Nature*, Berkeley Hills Books, 2002, 12.

72. Richard T. T. Forman. *Land Mosaics*. Cambridge：Cambridge University Press，1995.

二　论文

1. 安超、沈清基：《基于空间利用生态绩效的绿色基础设施网络构建方法》，《风景园林》2013年第2期。

2. 蔡雨亭、窦贻俭、董雅文：《基于城市可持续发展的生态绿地建设——

以仪征市为例》,《城市环境与城市生态》1997 年第 4 期。

3. 蔡玉梅、董柞继、邓红蒂:《FAO 土地利用规划研究进展述评》,《地理科学进展》2005 年第 24 期。

4. 蔡玉梅、张文新、赵言文:《中国土地利用规划进展述评》,《国土资源》2007 年第 5 期。

5. 陈迅、尤建新:《新公共管理对中国城市管理的现实意义》,《中国行政管理》2003 年第 2 期。

6. 陈勇:《城市生态支持系统》,《城市发展研究》1998 年第 5 期。

7. 程春生:《产业生态化与福建可持续发展》,《福建论坛》2007 年第 1期。

8. 仇保兴:《建设绿色基础设施,迈向生态文明时代——走有中国特色的健康城镇化之路》,《中国园林》2010 年第 7 期。

9. 崔雪松李海明:《我国生态城市建设问题研究》,《经济纵横》2007 年第 2 期。

10. 邓伟根、陈林:《生态工业园构建的思路与对策》,《工业技术经济》2007 年第 1 期。

11. 都沁军:《论生态城市建设的内容及策略》,《当代经济管理》2005 年第 6 期。

12. 杜鹃、张建林:《连通性和多功能性景观:英格兰西北区域绿色基础设施实践探析》,《绿色科技》2013 年第 3 期。

13. 杜丽丽、付颖:《浅谈生态工业》,《中国环境卫生》2006 年第 4 期。

14. 冯启凤、曹荣林:《国内外生态城市建设比较研究》,《浙江大学学报》(理学版)2006 年第 3 期。

15. 付喜娥、吴伟:《绿色基础设施评价(GIA)方法介述——美国马里兰州为例》,《中国园林》2009 年第 9 期。

16. 付彦荣:《2012 中国的绿色基础设施研究和实践》,《风景园林管理》2012 年 10 月。

17. 顾传辉、陈桂珠:《生态城市评价指标体系研究》,《环境保护》2001年第 11 期。

18. 郭小聪:《社区建设:整合城市基层民主路径的新思路》,"中华人民共和国五十周年：机遇与挑战"国际学术研讨会。

19. 韩文权、常禹、胡远满：《景观格局优化研究进展》，《生态学杂志》2005 年第 12 期。

20. 何东进、洪伟、胡海清：《景观生态学的基本理论及中国景观生态学的研究进展》，《江西农业大学学报》2003 年第 2 期。

21. 何小霞：《生态视角下的文化发展》，《前沿》2005 年第 12 期。

22. 贺恒信、江永成：《耗散结构对现代管理的启示》，《科学·经济·社会》1995 年第 1 期。

23. 贺恒信、江永成：《耗散结构对现代管理的启示》，《科学·经济·社会》1995 年第 1 期。

24. 贺善侃：《生态文化：生态城市的灵魂》，《学习与实践》2006 年第 11 期。

25. 贺炜、刘滨谊：《有关绿色基础设施几个问题的重思》，《中国园林》2011 年第 1 期。

26. 黄光宇、陈勇：《生态城市概念及其规划设计方法研究》，《城市规划》1997 年第 16 期。

27. 黄青、仟志远、土晓峰：《黄土高原地区生态足迹研究》，《国土与自然资源研究》2003 年第 2 期。

28. 黄肇义、杨东援：《国内外生态城市理论研究综述》，《城市规划》2001 第 25 期。

29. 〔加〕威廉·里斯：《脆弱的城市何以实现可持续发展——基于生态足迹视角的分析》，宋言奇译，《江海学刊》2006 年第 4 期。

30. 贾泉：《有关北方城市绿化基础设施问题的重思》，《城市建设》2012 年第 10 期。

31. 李博：《绿色基础设施与城市蔓延控制》，《城市问题》2009 年第 1 期。

32. 李团胜、石铁矛：《试论城市景观生态规划》，《生态学杂志》1998 年第 5 期。

33. 刘滨谊、张德顺、刘晖、戴睿：《城市绿色基础设施的研究与实践》，《中国园林》2013 年第 3 期。

34. 刘福智、谭良斌：《城市景观生态安全及评价模式》，《西安建筑科技大学学报》（自然科学版）2006年第4期。

35. 刘海龙、李迪华、韩西丽：《生态基础设施概念及其研究进展综述》，《城市规划》2005年第9期。

36. 刘晓明、谢丽娟：《广东理想城市建设的策略——绿色基础设施的改善》，《风景园林》2011年6期。

37. 陆小成、李宝洋：《城市绿色基础设施建设研究综述》，《城市观察》2014年第2期。

38. 麻朝晖、麻乐平：《论生态示范区与生态文化建设》，《贵州社会科学》2003年第5期。

39. 马军卫：《关于生态城市建设的多维度思考》，《山东行政学院山东省经济管理干部学院学报》2006年第4期。

40. 马晓薇：《"GI—绿色基础设施"导向下的城市规划新策略》，《山西建筑》2013年第12期。

41. 潘康：《生态旅游业发展的原则和措施》，《理论与当代》2005年第8期。

42. 裴丹：《绿色基础设施构建方法研究述评》，《城市规划》2012年第5期。

43. 彭晓林、方法林：《城市化过程中的生态文化建设》，《城市发展研究》2000年第6期。

44. 秦趣、冯维波、梁振民、杨锐：《我国四大直辖市生态基础设施品质对比研究》，《华中师范大学学报》（自然科学版）2008年第3期。

45. 宋小芬、阮和兴：《生态文化与城市竞争力——论21世纪城市竞争的时代内涵》，《生态经济》2004年第12期。

46. 宋言奇：《生态城市理念：系统环境观的阐释》，《城市发展研究》2004年第2期。

47. 宋治清、王仰麟：《城市景观及其格局的生态效应研究进展》，《地理科学进展》2004年第2期。

48. 田雨灵、张昭雪、李彬等：《绿色基础设施与地铁的复合规划策略探讨》，《北方园艺》2009年12月。

49. 屠凤娜：《产业生态化：生态文明建设的战略举措》，《理论前沿》2008年9月。

50. 屠凤娜：《城市生态基础设施建设存在的问题及对策》，《理论界》2013年第3期。

51. 屠凤娜：《发展生态工业，推进生态城市建设》，《环渤海经济瞭望》2013年第2期。

52. 屠凤娜：《国内外生态基础设施建设实践与经验总结》，《理论界》2013年第10期。

53. 屠凤娜：《基于环境保护视角的京津冀产业发展的对策与建议》，《中国商论》2016年第9期。

54. 屠凤娜：《京津冀产业发展的资源环境约束问题研究》，《中国商论》2016年第7期。

55. 屠凤娜：《京津冀产业协同创新生态系统运行机制研究》，《城市》2016年第3期。

56. 屠凤娜：《京津冀区域大气污染联防联控问题研究》，《理论界》2015年第10期。

57. 屠凤娜：《生态文化发展战略规划》，《天津经济》2007年第6期。

58. 屠凤娜：《天津市生态基础设施建设面临的挑战及发展路径》，《未来与发展》2014年第10期。

59. 屠凤娜：《我市生态基础设施体系建设研究》，天津市政府《决策咨询建议》2013年第122期。

60. 屠凤娜、张新宇、王丽：《生态文化的建设与管理》，《环渤海经济瞭望》2008年第9期。

61. 屠梅曾、赵旭：《生态城市可持续发展的系统分析》，《系统工程理论方法应用》1997年第1期。

62. 王乐夫：《论公共管理的社会性内涵及其他》，《政治学研究》2001年第3期。

63. 王乐夫：《论中国政府职能社会化的基本趋向》，《学术研究》2002年第11期。

64. 王如松：《转型期城市生态学前沿研究进展》，《生态学报》2000年第

5 期。

65. 王如松、蒋菊生：《从生态农业到生态产业》，《中国农业科技导报》
2001 年第 3 期。

66. 王如松、吴琼、包陆森：《北京景观生态建设的问题与模式》，《城市
规划》（汇刊）2004 年第 5 期。

67. 王向荣、林箐：《现代景观的价值取向》，《中国园林》2003 年第 1
期。

68. 王新军、郑晓兴：《生态社区的规划建设理念》，《上海建设科技》
2005 年第 5 期。

69. 王杏玲：《构建社会主义和谐社会与现代生态文化建设》，《江南大学
学报》（人文社会科学版）2006 年第 4 期。

70. 王颖：《现代城市管理与社区重建》，《浙江学刊》2002 年第 3 期。

71. 吴键生、王仰麟、凌南：《自然灾害对深圳城市建设发展的影响》，
《自然灾害学报》2004 年第 2 期。

72. 吴启迪、诸大键：《现代化城市管理的理念》，《建筑科技与市场》
1999 年第 6 期。

73. 吴伟、付喜娥：《绿色基础设施概念及其研究进展综述》，《国际城市
规划》2009 年第 5 期。

74. 吴晓敏：《国外绿色基础设施理论及其应用案例》，《中国风景园林学
会 2011 年会论文集》，2011。

75. 徐本鑫：《论我国城市绿地系统规划制度的完善——基于绿色基础设
施理论的思考》，《北京交通大学学报》2013 年第 2 期。

76. 杨静、潘国锋：《建设城市绿色基础设施，打造"绿色宜居城市"》，
《城市发展与规划大会论文集》，2011。

77. 杨立新、屠凤娜：《生态文明建设指向的产业发展问题》，《环渤海经
济瞭望》2008 年第 2 期。

78. 应君、张青萍、王末顺、吴晓华：《城市绿色基础设施及其体系构
建》，《浙江农林大学学报》2011 年 5 月。

79. 于笑津、曹静：《绿色基础设施研究进展与规划过程应用》，《西部人
居环境学刊》2013 年第 4 期。

80. 余本锋、高兴荣:《安源国家森林公园总体规划构想》,《福建林业科技》2006 年第 2 期。

81. 俞孔坚、李海龙、李迪华:《论大运河区域生态基础设施战略和实施途径》,《地理科学进展》2004 年第 1 期。

82. 俞孔坚、韩丽西、朱强:《解决城市生态环境问题的生态基础设施途径》,《自然资源学报》2007 年第 5 期。

83. 俞孔坚、李迪华、潮洛濛:《城市生态基础设施建设的十大景观战略》,《规划师》2001 年第 6 期。

84. 翟俊:《协同共生:从市政的灰色基础设施、生态的绿色基础设施到一体化的景观设施》,《规划师》2012 年第 9 期。

85. 张帆、郝培尧、梁伊任:《生态基础设施概念、理论与方法》,《贵州社会科学》2007 年第 9 期。

86. 张晋石:《绿色基础设施——城市空间与环境问题的系统化解决途径》,《现代城市研究》2009 年第 11 期。

87. 张康之:《建立引导型政府职能模式》,《新视野》2000 年第 1 期。

88. 张尚仁、王玉明:《论社会公共事务管理主体的多元化》,《广东行政学院学报》2001 年第 4 期。

89. 张媛、吴雪飞:《绿色基础设施视角下的非建设用地规划策略》,《中国园林》2013 年第 10 期。

90. 张志强、徐中民、程国栋:《生态足迹的概念及计算模型》,《生态经济》2000 年第 10 期。

91. 赵树明、苏碧珺:《天津中心城市生态服务系统布局设想与实践途径》,《城市规划和科学发展——2012 年中国城市规划年会论文集》,2012。

92. 周洪健、王静爱、史培军:《深圳市 1980～2005 年河网变化对水灾的影响》,《自然灾害学报》2008 年第 1 期。

93. 周艳妮、尹海伟:《国外绿色基础设施规划的理论与实践》,《城市发展研究》2010 年第 8 期。

94. 朱金、蒋颖、王超:《国外绿色基础设施规划的内涵、特征及借鉴——基于英美两个案例的讨论》,《2013 中国城市规划年会论文集》，2013。

95. 诸大建：《中国发展3.0：生态文明下的绿色发展》，《解放日报》2010年12月19日。

96. Ahern J. Greenways as a Planning Strategy. Landscape and Urban Planning，1995，33.

97. Benedict M. A. , McMahon E. T. Green Infrastructure：Smart Conservation for the 21st Century. Renewable Resources，2002，20.

98. Bryant M. M. Urban Landscape Conservation and the Role of Ecological Greenways at Local and Metropolitan Scales. Landscape and Urban Planning，2006，76.

99. Costanza R. , Darge R. , De Groot R. , et al. The Value of the World's Ecosystem Services and Natural Capital. *Nature*，1997，386.

100. Lockhart J. Green Infrastructure：the Strategic Role of Trees，Woodlands and Forestry. *Arboricultural Journal*，2009，32。

101. Tzoulas K. , Korpela K. , Venn S. , et al. Promoting Ecosystem and Human Health in Urban Areas Using Green Infrastructure. Landscape and Urban Planning，2007，81.

102. Walmsley A. Greenways：Multiplying and Diversifying in the 21st Century. Landscape Urban Planning，2006，76.

103. Yu D. Y. , Pan Y. Z. , Liu X. , et al. Ecological Capital Measurement by Remotely Sensed Data for Huahou and Its Socio-economic Application. *Journal of Ecology*，2006，30.

104. Zhang L. Q. , Wang H. Z. Planning an Ecological Network of Xiamen Island（China）Using Landscape Metrics and Network Analyses，Landscape and Urban Planning，2006. 78.

图书在版编目（CIP）数据

城市生态基础设施建设研究：以天津为例／屠凤娜
著 . －－北京：社会科学文献出版社，2018.8
（天津社会科学院学者文库）
ISBN 978 - 7 - 5201 - 3161 - 2

Ⅰ.①城… Ⅱ.①屠… Ⅲ.①城市环境 - 生态环境建
设 - 研究 - 天津 Ⅳ.①X321.221

中国版本图书馆 CIP 数据核字（2018）第 169077 号

· 天津社会科学院学者文库 ·

城市生态基础设施建设研究
——以天津市为例

著 者／屠凤娜

出 版 人／谢寿光
项目统筹／邓泳红 桂 芳
责任编辑／桂 芳

出 版／社会科学文献出版社 · 皮书出版分社 （010）59367127
地址：北京市北三环中路甲 29 号院华龙大厦 邮编：100029
网址：www. ssap. com. cn
发 行／市场营销中心（010）59367081 59367018
印 装／三河市东方印刷有限公司

规 格／开 本：787mm × 1092mm 1/16
印 张：15.75 字 数：241 千字
版 次／2018 年 8 月第 1 版 2018 年 8 月第 1 次印刷
书 号／ISBN 978 - 7 - 5201 - 3161 - 2
定 价／89.00 元

本书如有印装质量问题，请与读者服务中心（010 - 59367028）联系